텍사스에서는
일상이 여행이 된다

조금 오래 머문 텍사스 체류기
텍사스에서는 일상이 여행이 된다

초판 1쇄 발행 2025년 5월 22일

지은이   김민성
펴낸이   김선기
펴낸곳   (주)푸른길
출판등록 1996년 4월 12일 제16-1292호
주소   (03877) 서울시 구로구 디지털로 33길 48
            대륭포스트타워 7차 1008호
전화   02-523-2907, 6942-9570~2
팩스   02-523-2951
이메일   purungilbook@naver.com
홈페이지 www.purungil.com
디자인   작품미디어

© 김민성, 2025
ISBN   979-11-7267-044-3 (03980)

조금 오래 머문 텍사스 체류기

텍사스에서는
일상이 여행이 된다

김민성

푸른길

나를 만들어 가는 여행에 함께하실 분, 누구든 환영합니다.

평소 즐겨 입는 N사 옷을 입고 사진을 찍고 있는데 누군가 말을 겁니다.

"혹시 내셔널 지오그래픽 채널에서 일하세요?"

순간 당황하지 않을 수 없었습니다. '무슨 소리지? 내셔널 지오그래픽 채널이라니! 내가 지리를 전공하기는 하지만 그래도 그건 아닌데. 내가 다큐멘터리 작가처럼 보였을까? 아니면 탐험가처럼 보이나? 그것도 아니면 옷이 맘에 들어서 기념품으로 비슷한 옷을 사고 싶어서 그러는 걸까?

미국에는 당시 제가 입고 있던 브랜드의 옷이 그리 널리 알려지지 않았고, 내셔널 지오그래픽 채널이 훨씬 더 유명해서 이런 질문을 했을 것 같습니다. 그런데 왠지 기분이 나쁘지 않습니다. 옷매무새를 다잡은 후, 좀 더 무게를 잡고 사진을 찍어 봅니다. 사실 그냥 막 찍고 있는 건데, 사진기 각도를 조절하는 척 포즈를 취하기도 하고, 고뇌하는 것처럼 미간도 찌푸려 봅니다. 기왕 이렇게 된 거, 전문 여행가처럼 살아 보는 건 어떨까 생각해 봅니다.

마르셀 프루스트는 "진정한 발견은 새로운 땅을 찾는 것이 아니라 새로운 눈을 갖는 것이다."라고 했습니다. 어떻게 하면 세상을 새롭게 바라보는 눈을 가지고 진정한 발견을 할 수 있을까요? 이런 눈으로 바라보는 삶은 하루하루가 즐겁고 기대되지 않을까요? 무엇을 통해 그것이 가능할까요?

매일의 삶이 여행이라면 가능할 것도 같습니다. 일상도 여행처럼, 그리고 일상을 넘어선 여행도 여행처럼. 그러면 항상 여행하면서 살아가게 됩니다. 사실 우리는 이 지구에 잠시 살다 가는 여행자이기에, 마음을 조금만 바꾸면 매일 여행하는 기분으로 살아가는 것이 불가능하지 않습니다. 여행을 통해 행복을 발견하고 새롭게 세상을 바라보는 관점을 가질 수 있습니다.

여행은 우리를 행복하게 합니다. 행복연구소 최인철 교수님은 행복하기 위해서는 여행을 하라고 합니다. 인생에서 가장 즐겁고 의미 있는 활동이 여행이라고 합니다. 우리는 여행을 통해 의미 있는 경험을 사고, 그것은 사람을 행복하게 만듭니다. 우리의 삶에 행복보다 중요한 것이 있을까요? 여행할 때는 작은 시간도 소중하게 느껴집니다. 순간순간을 놓칠 수 없습니다. 생각하지 못했던 힘든 일을 만나기도 합니다. 그러나 그것을 극복하면서 기쁨을 느끼고 또 다음 일정으로 나아갑니다. 이런 시간은 우리를 행복하게 합니다. 여행하는 삶, 풍요롭지 않나요?

여행은 유연하게 세상을 바라볼 수 있게 하고 우리를 발전시킵니다. 데이비드 이글먼은 여행하는 삶이 우리의 뇌를 변화시킬 수 있다고 합니다. 아기의 뇌는 모든 것을 신기해하고 자유롭게 배웁니다. 여행은 우리의 뇌를 아기처럼 유연하게 만들어 줍니다. 너무나 익숙해져 버린 삶 속에서 서서히 굳어진 뇌를 소생시켜 주는 겁니다. 낯선 곳에 가면 정신을 바짝 차리고 낯선 풍경을 바라보며 새롭게 세상을 대하기 때문입니다. 모든 것을 열린 마음으로 바라보고 관찰하면서 기뻐합니다. 여행을 통해 새로운 장소와 사람을 만나면 기존의 나를 넘어서는 창의적인 눈을 가질 수 있게 됩니다. 여행하는 삶, 혁신적이지 않나요?

소설 『어린 왕자』를 보면 실제로 세계를 경험하지 않고 책으로만 세상을 이해하는 지리학자가 나옵니다. 이제까지 그런 삶을 살지는 않았을까 하는 반성을 해 보았습니다. 우리는 경험을 통해 세상을 진실하게 이해하고, 다른 사람에 공감하고, 인생의 시야를 넓혀 나갈 수 있습니다. 그런 의미에서 우리 모두는 실제로 세상과 만나는 지리학자가 되어야 한다고 해도 과언이 아닐 겁니다. 나아가 우리는 세상을 살아가면서 삶의 의미를 발견하는 철학자도 되어야 하고, 내 마음을 살펴보는 심리학자가 되어야 할 때도 있습니다. 여행은 이 모든 것을 포함합니다.

미국 텍사스(Texas)의 플레이노(Plano)라는 곳에서 연구년으로 가족과 함께 1년간 살게 되었습니다. 댈러스 인근에 있는 작은 도시입니다.

부산 인근에 있는 김해나 양산 같은 곳 정도라 할 수 있을 듯합니다. 요즘 텍사스에 대한 관심이 부쩍 커지고 있습니다. 원래부터 미국에서 영향력이 큰 주(州)였지만, 최근 주요 기업들이 이전하고, 인구 증가율도 높으며, 각종 자원 개발 등으로 인해 그 영향력이 더욱 커지고 있습니다. 머지않아 미국의 경제, 문화, 교육 등 여러 분야를 선도하는 주자가 될 것으로 보입니다. 떠오르는 미국의 새로운 최강자, 텍사스입니다.

예전에 박사학위를 위해 텍사스에서 몇 년간 지낸 적이 있었습니다. 하지만 그때는 다른 것에 신경 쓸 여유가 거의 없어 텍사스에 있었어도 아는 게 별로 없었습니다. 이번에는 조금은 여유를 가지면서 텍사스에서 삶을 돌아보려 했습니다. 여기에는 그렇게 보냈던 시간들, 만났던 장면들, 생각했던 것들을 담았습니다. 미국이라는 낯선 땅에서의 생활이지만 어느 정도는 일상이 반복되는 시간도 있었습니다. 하지만 일상의 장소들을 좀 더 깊이 있게, 그리고 낯설게 여행자처럼 바라보려 했습니다. 텍사스가 워낙 넓은 곳이라 일상을 벗어나 텍사스 내 다른 지역들도 조금씩 다녀 보았습니다. 이런 경험을 바탕으로 텍사스라는 장소를 살펴보고, 그곳에 담긴 삶을 이야기해 보았습니다. 텍사스를 통한 이야기이지만 일반적인 미국의 모습을 엿보는 안내서일 수도 있고, 삶에 대한 성찰을 담은 수필이기도 합니다.

개인적으로 '아름답다'라는 말을 좋아합니다. 여행을 통해 세상의 아름다움을 느끼고 내 삶도 조금 더 아름다워지면 좋겠습니다. 이 책은 막연히 마음속에만 가지고 있던 이런 생각을 살며시 꺼내 보는 시도입니다. 인생의 여행에서 진정한 발견을 해 나가고자 하는 실천의 출발점입니다. 류시화 시인의 책에서 심금을 울리는 구절을 발견했습니다. "가장 부러운 사람이 지금 이곳을 여행하는 나 자신이고, 훗날에도 이곳을 여행하는 나를 가장 그리워할 것"이라는 말입니다. 그런 여행을 하는 삶을 살아가고 싶습니다. 이런 나를 만들어 가는 여행에 함께하실 분, 누구든 환영합니다.

Contents

4   *Prologue*

나를 만들어 가는 여행에 함께하실 분, 누구든 환영합니다.

Part 1 ___
낯선 공간을 새로운 장소로

14   새로운 '공간'에 보금 '장소' 마련하기

21   중요한 건 꺾이지 않는 마음

28   일상이 여행이 되는 삶

33   텍사스에서 레이첼 되기

38   여기는 한국인가, 미국인가

44   아름다운 변태 되기

Part 2 ___
일상에서의 새로움

52 열린 여행자로 핼러윈 맞이하기

60 낭만이 살아 있는 크리스마스

65 가성비 좋은 통유리 냄비

70 UT Dallas(UTD)가 아니라 UT Delhi(UTD)?

76 스컹크 방귀 냄새 맡아 봤어?

81 라마단은 육아를 힘들게 해

86 영화의 한 장면 속으로

Part 3 ___
텍산의 마음으로

96   텍사스의 괴물

103 찾아가는 세계 최대의 휴게소

108 기괴한 트럭이 굉음을 내며 공중으로 솟아오른다

114 밝음, 어두움, 그리고 다시 밝음

121 텍사스 카우보이의 흔적을 찾아서

128 텍사스 속의 크로아티아

136 집사에 지원합니다

142 못 말리는 '텍부심'

Part 4 ___
뜻밖의 만남

152 거장의 미술관을 만나다

164 내 인생 가장 멋진 하루

171 물가에 사는 사람들

178 동물이 지배하는 세계

185 미국의 동력, 에너지 3관왕

192 텍사스 파리에 살아요

201 경계를 넘어라

Part 5 ___
마음 자국 넓히기

208 인류가 다시 달에 발 디딜 그 날을 기다리며

216 종합 선물 세트 도시

230 댈러스 도심에서 헤매며 걷기

238 텍사스 바비큐 성지 좌표 알려주세요

245 텍사스 상징 끝판왕 도시

253 *Epilogue*
     앞으로도 계속해서 여행하는 삶을 살고 싶습니다.

Part 1.

낯선 공간을
새로운 장소로

새로운 '공간'에
보금 '장소' 마련하기

'미국에서의 성공적인 아파트 지원과 정착을 위한 단기 코스: 한국인을 위한 속성 강좌'

내가 생각하고 있는 사업 아이템이다. 우스갯소리로 하는 이야기이지만 경험이나 배경지식이 없는 상태에서 미국 아파트에 '지원'하는 것은 생각보다 어렵다. 지원한다는 것이 좀 우습게 들린다. 마치 대학 지원하는 것과 비슷한 느낌이 든다. 그런데 미국에서 아파트를 구하기 위해서는 실제 '지원'을 해야 한다. 10여 년 전 박사학위를 위해 미국에서 살아본 적이 있다. 그때의 경험을 바탕으로 그리 어렵지 않게 일 년 동안 미국에서 생활할 집을 구할 수 있으리라 생각했다. 하지만 전혀 다른 상황이 벌어졌다. 낯선 타국 땅에 내 한 몸 널 곳을 마련하는 것은 예상을 넘어선 고난의 행군이었다. 그동안 시스템이 많이 바뀌었다. 한국에 있으면서 미국의 집을 구해야 했기에 더욱 어려웠다.

내 사업 아이템에 관심이 있을 만한 분을 위해 아주 단순화해서 미국 집을 구한 과정을 이야기해 보고자 한다. 예전 박사과정 시절에 집을 구할 때에는 아파트 오피스에 가서 집을 구한다고 이야기하고, 보여 준 집 중 마음에 드는 것이 있으면 계약서에 서명하면 끝이었다. 그런데 이제는 온라인 지원 시스템을 활용해야 한다. 우선 미국에 있는 지인에게 후보 아파트를 좀 둘러봐 달라고 부탁한 후, 잠정적으로 결정한 아파트의 온라인 지원 시스템에 회원 가입을 한다. 회원 가입 시 로봇이 아님을 확인하기 위해 실시간 사진을 찍는 과정도 포함된다. 이렇게 회원 가입을 완료하고 본격적인 지원 절차를 시작한다. 집에 들어가는 사람별로 지원비(application fee)를 내고, 행정 절차 비용(administration fee)도 낸다. 왜 개별로 지원비를 받는지 모르겠고, 인터넷으로 내가 지원하는데 과도한 행정 처리비를 받는다는 느낌도 들었다. 여기에 덧붙여 일정 금액의 보증금을 내야 한다. 각종 비용과 보증금을 낼 때는 신용카드를 썼는데, 내야 하는 비용에 따른 일정 비율의 편의 비용(convenience fee)이 추가된다. 편리함에 대한 대가를 내라는 거다. 다른 방법도 별로 없고, 한국에서는 너무 일상화된 무료 방법 같은데 편리함의 대가를 지불하라니!

이러한 절차가 끝나고 나면 오피스에서 연락이 온다. 계약을 완료하기 위해 필수 서류들을 제출하라고 한다. 우선, 재산 증명을 요구한다. 미국 아파트 오피스의 입장에서 나는 아무런 신용이 없는 타국의 이방인일 뿐이다. 한국에서 번듯하게 직장 잘 다니고 있는데 아무 소용없다. 일 년 월세의 3배에 해당하는 잔고 증명서를 제출하라고 한다. 한 달이 아니고 일 년 월세의 3배라니! 그리고 의무적으로 집 보험에 가입해야 한다. 도

둑, 화재, 홍수 등 집과 관련된 각종 사고에 대비한 보험을 들어야 하는 것이다. 우리 집에 문제가 생기면 내가 알아서 처리할 수 있을 것 같은데 내말 같은 건 들어주지 않는다. 무조건 보험 가입 증서를 제출해야 한다.

입주하는 날에 맞추어 전기가 들어온다는 증명서도 제출해야 한다. 그런데 이것이 생각보다 만만치가 않았다. 우리나라에서는 한전에 연락하면 그걸로 전기 연결이 끝난다. 그런데 미국에서는 여러 전기 회사 중하나를 선택하고, 그중에서 내가 원하는 플랜도 선택해야 한다. 마치 휴대전화를 개통할 때 통신사를 선택하고, 원하는 요금제를 선택하는 것과 마찬가지다. 처음에는 미국의 이런 전기 시스템에 대한 개념이 없어 그 맥락을 이해하는 데 한참 시간이 걸렸다. 아무튼 여러 전기 회사 중 내가 원하는 한 곳을 정해서 그곳에 개별적으로 연락한 후, 내가 언제, 어느 곳으로 이사를 하니 그곳으로 전기를 연결해 달라고 이야기하고 계약을 체결한다. 어떤 플랜을 선택하는 것이 좋을지 결정하는 데도 고민이 필요했다. 온종일 같은 단가로, 쓰는 만큼 요금이 부과되는 플랜이 좋을까? 낮에는 좀 비싸지만, 저녁 8시 이후부터 새벽까지 싼 요금제가 좋을까? 그럼 밤에 빨래를 몰아서 하고 공부도 주로 밤에 해야 하나? 텍사스는 여름이 엄청 더운데 낮에 에어컨 많이 쓰려면 이건 안 될 것 같은데? 그럼 일정 용량까지는 좀 싸고 그 이후 사용분부터 가격이 비싸지는 플랜은 어떨까? 그런데 그 일정 용량 안에서 충분히 우리 집 전기 사용분이 충당될까? 이렇게 여러 가지를 고민하다 그냥 표준 요금을 선택했다. 이런 결정 후, 계약을 체결하려면 전화를 해야 한다. 홈페이지를 통한 가입은 안 된다.

시차도 있고, 맥락도 잘 모르는 상황에서 선뜻 국제 전화를 하기가 두려웠다. 그래서 미국에 있는 후배와 화상으로 이야기하면서 그 후배가 전화를 걸어 계약을 했다. 사실 한국에서 미국 전기 회사 홈페이지 접속조차 안 됐다. 해외 아이피 접속 자체를 막아두고 있었다.

이쯤에서 좀 마무리가 되면 좋겠는데 인터넷 연결도 해야 한다. 몇몇 사람에게 물어 여러 정보를 좀 알아봤는데, 아파트 오피스에서 한 회사 회선만 들어오니 그곳으로 해야 한다고 알려준다. 괜히 시간만 낭비했다. 그런데 인터넷 비용이 예상보다 비싸 제일 느린 속도의 플랜을 선택했다. 애초에는 미국에 있으니 영어 노출을 늘리고 문화적 소양도 쌓을 겸 티브이 채널도 포함할 생각이었다. 그런데 티브이 채널을 포함하니 가격이 너무 비싸져 그냥 인터넷만, 그것도 제일 속도가 느린 것으로 했다. 이후 안테나를 달았는데, 나름 몇 개의 채널을 볼 수 있어 다행스러웠다.

이런 복잡한 과정을 거쳐 아파트 계약에 성공했다. 그리고 미국에 입국하고, 사진으로만 보던 집에 들어가는 감격스러운 순간을 맞이했다. 시차 때문에 비몽사몽 하며 초기 세팅을 위해 정신없이 2주 정도를 보냈다. 우여곡절 끝에 어렵게 들어온 집이었다. 그런데 집에 같이 사시는 분께서 집이 마음에 들지 않는다고 하신다. 무더운 텍사스 날씨 때문에 집 앞에 커다란 나무를 심어 두었는데, 그게 너무 커서 온종일 심하게 그늘이 진다. 도통 햇빛이 들지 않는다. 그리고 아이 때문에 층간 소음 문제가 생길까 걱정되어 1층을 계약했는데, 우리 위층에 사는 아이 두 명이 시도 때도 없이 달리기를 한다. 어른들이 걸어 다니는 소리도 만만치 않다. 미국 집은 나무로 되어 있어 윗집의 소리가 바로 직격타로 사운드 친다. 그래서 항상 배려하며 생활해야 하는데, 우리 윗집의 아이들은 너무 박력이 넘친다. 오피스에 이야기하고, 공식적으로 항의해 보아도 개선의 여지가 없다. 오피스에서는 소음의 증거를 비디오로 촬영해 오라는데 그것만 기다리며 기록을 남기기도 쉽지 않고, 어쩌다 촬영을 하더라도 현실의 박진감이 재현되지 않는다.

같이 사시는 분께서 계속 다른 아파트 정보를 가지고 온다. 이렇게 부지런한 삶의 스타일을 가지신 분이 아닌데, 지금의 공간이 심히 마음에 들지 않는 것이 분명하다. 빨리 세팅을 마무리하고 본격적인 미국에서의 삶을 시작하고 싶은데, 겨우 구한 집을 떠나기 위해 다시 집을 보러 다녔다. 최우선 조건은 햇볕이 밝게 들고, 층간 소음 문제가 없는 것이다. 그래서 1층이 차량을 주차할 수 있는 차고이고, 그 위층을 우리가 통째로 쓰는 구조의 집을 찾았다. 여러 아파트를 둘러보면서 가장 마음에 드는 곳을 결정하고 아파트 오피스에 계약을 파기하고 이사하는 방안을 문의했다. 그런데 원래 계약된 날짜보다 집을 일찍 나가기가 쉬운 것이 아니었다. 우선 계약 파기에 대한 위약금을 물어야 한다. 여기에 덧붙여 이사하기 60일 전에 통보를 해야 한단다. 60일 전 집 비우기 공지 의무가 있기에 오늘 이사를 나가더라도 추후 60일 동안 집세를 내야 한다고 한다. 멘붕이다. 이런저런 것들을 계산해보니 도저히 수용할 수 없을 정도의 비용이 든다. 그러나 현재의 집에는 도저히 계속 있을 수 없어 현실적인 다른 방안을 고민해 보았다. 결론은 같은 아파트 단지 내에서 지금보다 더 나은

보금 '장소'의 석양
베란다를 통해 바라보는 석양이 아름답다.

환경의 집을 찾아 옮기는 것이었다. 그러나 그것도 바로 이사를 할 수는
없다는 조건이 있어 조금 더 인내의 시간을 가진 후, 일정 정도의 위약금
을 내고, 미국에 온 지 한 달 반여 만에 새로운 집으로 옮겼다.

   드디어 정착할 보금자리를 찾았다. 새로운 집은 서향이라 오후에 해
가 들지만 그래도 밝고 따뜻한 집이다. 저녁마다 거실 창으로 보이는 석
양이 참 아름다운 집이다. 아래, 위층이 없이 우리 가족만 온전히 쓰는 집

이라 층간 소음도 신경 쓸 필요가 없다. 처음 집을 계약할 때부터 새로운 곳으로 옮길 때까지, 우여곡절이 많았지만 그래도 좋은 경험이었고 인생에서 한 번쯤은(딱 한 번만!) 해 볼 만한 일이었다는 생각이 든다. 이번 경험을 통해 미국에서 아파트 지원하고 집 옮기는 새로운 전문 분야가 생긴 것 같기도 하다. 언제 쓸 일이 있을까? 정착 서비스 사업을 한번 해 볼까?

이 푸 투안은 의미 없는 텅 빈 '공간'에 의미가 부여되면 '장소'로 바뀐다고 했다. 얼마 전까지 나와 전혀 상관없던 텍사스 플레이노라는 도시 공간은 이제 의미 있는 장소가 될 준비를 마쳤다. 이 집은 나의 새로운 장소가 될 것이다. 이곳을 본거지로 울고 웃으며 아름다운 기억으로 남을 여행을 떠나 보려고 한다. 새로운 보금 '장소'다.

중요한 건
꺾이지 않는 마음

이 계좌는 사용이 제한되어 있습니다. 계속 문제가 발생하면 은행에 문의하세요!

미국 정착 초창기에 은행 ATM기에서 이런 쪽지를 참 많이도 받았다. 카드를 넣은 후 현금을 받으려 했지만 내가 받은 건 이런 문구가 적힌 쪽지였다. 학창 시절 누군가 몰래 책 속에 끼워 둔 연애편지가 내 마음을 설레게 한 이후(믿기 어렵겠지만 적어도 내 기억으로는 사실이다!), 누군가로부터 이렇게 많은 쪽지를 받은 건 처음이다. 그 누군가가 은행이라는 것이 안타까울 따름이다.

미국이라는 낯선 땅에 오면 초반에 여러 가지 세팅이 필요하다. 우선 살 집을 마련해야 하고, 이동을 위한 자동차도 사야 하고, 아무것도 없는 집에 기본적인 가구와 일상생활 용품을 채워 넣어야 한다. 그런데 이런 모든 것을 하기 위해 우선 필요한 것이 은행 계좌 개설이다. 처음 미국에 입국할 때, 일정 금액을 환전해 현금으로 들고 오지만 큰돈을 계속 가지고 다니면서 현금으로만 물건을 살 수는 없는 노릇이다. 게다가 어느 정도 시간이 지나면 처음에 가지고 온 현금도 모두 동나기 때문에 한국에서 송금을 받기 위해서도 계좌 개설이 필수적이다.

　박사학위를 위해 미국에서 살아본 적이 있고, 그때에도 계좌를 개설하고 카드를 사용했기에 이와 관련된 일이 문제가 될 것이라는 생각은 전혀 하지 않았다. 계좌를 개설하기 위해서는 1. 은행에 간다. → 2. 계좌를 개설해 달라고 말한다. → 3. 신분증 등 필요한 서류를 제출한다. 그러면 끝이다. 내 돈을 은행에 넣어 두겠다는데 뭐가 문제가 되겠는가? 오히려 은행이 고객을 유치하기 위해 계좌를 개설해 달라고 부탁을 하는 것이 당연지사일 거다. 미국에서의 신용이 아직 증명되지 않아 신용카드 개설이 어렵다면, 넣어 둔 돈을 그대로 사용하는 체크카드를 쓰면 되고, 신용이 쌓인 후 신용카드를 만들어 쓰면 된다. 나같이 매달 일정 금액 이상을 쓰고, 성실하게 카드값 내는 사용자는 해당 은행에 큰 도움이 되니 은행에서는 나를 잡기 위해 힘써야 한다는 것이 나의 생각이었다.

　우리나라도 그렇지만 미국은 지역마다 지점 숫자가 많은 은행이 다르다. 예전 박사과정 시절에는 씨티은행이 많아 씨티은행에서 계좌를 개설했었다. 이번에 살게 된 도시에는 체이스은행 지점이 압도적으로 많았다. 요즘 은행 업무들이 자동화되고 인터넷 뱅킹을 자주 사용하면서 실제 은행에 갈 일이 많지 않은데 이렇게 많은 지점을 유지하고 있는 게 비효율적이라 느껴질 정도로 체이스은행 지점이 도시 곳곳에 있었다. 그래서 체이스은행에서 계좌를 개설하기로 했다.

대학교 후배와 함께 체이스은행으로 갔다. 정착 초반에 차를 사기 위해서는 목돈이 필요하다. 그런데 미국에 오기 전에는 미국 계좌가 없어 내 계좌로 송금하는 것이 불가능했다. 그래서 후배 계좌로 차량 구매를 위한 돈을 일정 부분 송금해 놓은 상태였고, 내 계좌를 개설한 후 그 돈을 내 계좌에 넣을 계획이었다. 그래서 후배와 함께 은행에 가서 계좌를 개설하고, 내가 현금으로 가지고 온 지폐들과 후배가 써 준 수표를 함께 입금했다. 두꺼운 지폐 뭉치를 내밀 때는 마치 내가 부자가 된 것 같은 기분이 들기도 했다. 항상 저 정도 현금을 지갑에 넣고 다니면 얼마나 좋을까? 잠시 내 지갑을 비만아로 만들었던 그 현금들이 순식간에 몇 개의 숫자로 변해 버린 안타까움 이외에는 모든 것이 순조로워 보였다.

초기 정착에서 너무나도 중요한 은행 계좌 개설과 체크카드 발급을 마친 후, 처음으로 마트에 가서 물건을 사려고 카드를 내밀었다. 그런데 결제가 안 된다. 당황스러웠지만 일단 현금으로 결제를 하고, 시험 삼아 20달러를 인출해 보았는데 역시 안 된다. 문제가 생겼다. 왜 그럴까? 계좌가 막혔다. 가지고 있던 돈을 거의 다 입금했는데, 계좌에 있는 돈을 쓸 수 없는 상황이 발생한 것이다. 카드를 쓸 수도 없고, 현금도 없는 상태가 되었다. 차를 사기는커녕 당장 먹을 음식도 살 수가 없다. 큰일 났다! 빨리 이 문제를 해결해야 한다!

당장 다시 은행으로 달려갔다. 계좌를 개설해 준 은행원은 이곳저곳 전화를 하면서 문제를 해결하려 했다. 미국은 뭐든 시간이 오래 걸린다. 체이스은행 중앙 센터와 전화를 하는데 나와 후배는 그 앞에 우두커니 앉아서 가만히 기다렸다. 미국에서는 전화 연결하는데 30분 정도 걸렸으면 빨리 된 거다. 간간이 물어보는 개인 정보를 알려주면서 거의 한 시간 정도를 가만히 앉아 있었다. 다행스럽게 은행원은 이제 문제가 해결되었다며 한두 시간 정도 있으면 계좌 사용이 가능할 거라고 했다. 은행원 앞에서 한 시간을 우두커니 있었던 것이 어색하기는 했지만 그래도 다행이라 생각하고 집으로 돌아왔다. 그리고 두 시간을 기다린 후, 테스트했다. 그런데 또 안 된다.

미국은 은행에 가도 바로 직원을 만나기 어려운 경우가 많아 다음 날로 다시 예약을 잡았다. 같은 은행원을 만났는데, 왜 그런지 모르겠다며 또 전화를 시작한다. 우리는 어제와 비슷하게 그 앞에서 한 시간 정도를 기다렸다. 결론은 집에 가서 자기가 준 번호로 나와 후배가 직접 전화를 해 신분 증명을 해야 한다는 것이었다. 미국에서 전화 통화를 하는 건 나에게 매우 힘든 일이다. 직접 대면하며 이야기하는 것보다 훨씬 영어가 잘 안 들리기 때문이다. 그래서 번거롭더라도 직접 가서 이야기하는 것을 선호하는데, 미국에서는 많은 경우 가서 이야기하면 전화번호를 알려주며 전화를 하라고 한다. 아주 마음에 안 드는 시스템이다. 아무튼 은행원이 알려준 번호로 전화를 해서 꾸역꾸역 내 신분을 증명하고 문제를 이야기했다. 다행히도 전화기 너머에서 알아듣기 어려운 인도 발음으로 전지전능한 사람인 양 이야기하던 그 직원은 이제 계좌가 풀릴 것이라는 답변을 준다. 방문을 걸어 잠그고, 한쪽 귀를 꼭 막은 후, 수능 시험의 듣기 평가를 하듯 긴장하면서 한 시간 동안 전화 통화를 한 보람이 있다. 내 한쪽

귀는 손톱자국이 남은 채 벌겋게 변했고, 전화기는 추운 겨울에 핫팩으로 써도 될 정도로 뜨거워졌지만, 안도감을 느낄 수 있었다.

그런데 다음 날 여전히 계좌 개설 첫날과 똑같은 쪽지를 받았다. 답답하다! 은행의 다른 지점을 찾아갔다. 기존에 있었던 이야기를 해 주었더니 그렇게 하면 해결이 안 된다며 자신을 잘 찾아왔다는 듯 의기양양한 목소리로 방법을 제시해준다. 그 새로운 해결책이 궁금하지 않은가? 놀랍게도 자기가 준 번호(기존과는 다른 번호다)로 전화해서 신분을 증명하라는 것이었다! 섬뜩할 정도로 놀라운 해결책이다. 신종 해결책에 기대를 걸며 전화를 했다. 그런데 결과는 마찬가지였다. 같은 장면을 반복해서 맞이하는 타임 루프에 갇힌 영화 〈엣지 오브 투모로우〉의 톰 크루즈가 된 기분이었다. 실제 톰 크루즈가 되면 이 상황이라도 좋을 것 같은 기분이 들어 의문의 1패를 당한 것 같기도 했다. 이렇게 며칠을 보내고, 몇 번이나 은행을 찾아가고, 몇 번을 전화했는지 모르겠다. 학습된 무기력감이 생겼다.

은행 계좌 문제가 해결이 안 되니 다른 일을 할 수가 없었다. 우리의 삶에 전산화된 은행 시스템이 얼마나 큰 영향을 미치는지 알 수 있었다. 뭘 해도 안 되고, 갈 때마다 시간이 오래 걸리니 답답함이 너무 컸다. 하지만 다른 방법이 없다. 될 때까지 계속 은행에 가서 물어보는 수밖에. 또다시 집 가까이 있는 지점으로 갔다. 예약하는 것도 짜증이 나서 그냥 무작정 가서 잔뜩 화난 표정을 지으며 의자에 앉아 기다렸다. 그때 중국계 미국인으로 보이는 은행원이 다가와 상담을 해 준다. 그동안의 이야기를 하소연하듯이 쏟아냈다.

이 이야기를 들은 직원의 다음 행동은? 빙고! 어디론가 전화를 하는 거다. 전화하는 로봇처럼, 이리저리 전화하기 시작했다. 그러나 놀랍게도 이 은행원은 빠른 속도로 계좌가 닫힌 이유를 알아냈다. 후배가 써 준 수표에 있던 주소와 후배 은행 계좌에 등록되어 있던 주소가 달라 신원 도용의 우려가 있다 하여 수표가 막힌 것이었다. 그러면서 이 수표를 넣었던 내 계좌 또한 막은 것이었다. 특히, 거래 정보가 없는 내 계좌에 상대적으로 큰돈이 입금되면서 더욱 의심을 샀다고 한다. 그 직원은 이 상황을 파악하고 효율적으로 문제를 해결해 주었다.

드디어 계좌가 풀렸다. 그동안 그 많은 직원이 왜 원인을 못 알아내고 문제를 해결하지 못했는지는 세계 7대 불가사의 못지않게 의문스럽다. 거의 일주일 이상 은행 계좌 문제와 씨름하다 처음으로 카드가 작동했을 때의 기쁨은 너무도 컸다. 별것 아닌 것으로 생각했던 계좌 개설이 내 삶을 이렇게 어렵게 할지 전혀 예상하지 못했다. 문제를 효율적으로 해결해 주지 못하는 미국 은행 시스템을 많이 욕하기도 했다. 전화하면서 스트레스도 많이 받았다.

우리가 세상을 살아가다 보면 이렇게 예상치 못한 난관에 부딪힐 때가 있다. 중·고등학교 시절에는 대학만 가면 천국이 펼쳐지리라 생각했다. 그러나 대학생이 되고, 대학원생이 되고, 그리고 사회인이 되면서 점점 맞닥뜨리는 문제의 종류가 많아지고 크기도 커졌다. 하지만 예상하지 못한 문제가 발생했다고, 내가 해결하기 어려운 문제 같다고 낙담만 하고 있거나 그 누군가를 희생양으로 비난하기만 해서는 문제가 해결되지 않는다. 해결할 수 있다는 마음을 가지고, 시도해 보았던 방법이 작동하지 않으면 다른 방법을 끊임없이 시도하는 태도가 중요하다. 많은 문제는 어떻게든 해결책을 찾을 수 있는 경우가 대부분이다.

어려움을 이겨내고 문제를 해결하면 부수적인 이익이 생긴다. 일단 문제 해결에 따른 마음의 기쁨이 무엇보다 크다. 그리고 개인의 발전에 도움이 되는 경우가 많다. 이번에 계좌 문제를 해결하면서 어쩔 수 없이 수많은 전화 통화를 했고, 이 과정에서 예전보다 아주 조금은 영어 실력이 늘었다는 생각이 든다. 예전에 미국에 거의 5년 가까이 살 때보다 이번 한 달 동안 훨씬 더 많이 영어로 전화 통화를 했다. 돈 주고도 영어 통화를 하는데 무료로 완전 실전 영어 회화 교육을 받았다. 이제는 미국에서 전화하는 것이 예전만큼 두렵지는 않다.

역시 중요한 건 꺾이지 않는 마음이다.

일상이
여행이 되는 삶

오후 2시 50분경.

허프만 초등학교(Huffman Elementary School) 앞 주차장에 차를 대로 파란 쪽지를 들고 학교 정문 앞으로 간다. 학부모 여러 명이 이름이 적힌 다른 색깔의 쪽지를 들고 서 있다. 경매장 비슷한 느낌이 나기도 한다. 약간은 기대에 부푼, 동시에 약간은 상기된 표정으로 기다리고 있으면 무전기를 든 한 사람이 무리 쪽으로 다가온다. 나는 그 사람을 놓칠세라 재빨리 가지고 온 파란 쪽지를 든다. 내 쪽지를 본 후, 그 첩보원 같은 사람은 카랑카랑한 목소리로 무전기에 대고 외친다.

"저한 김(Jihan Kim), 프리케이(Prek)!"

'지한'이라는 이름은 영어로 발음하기 쉽다고 생각했는데 그렇지 않은 모양이다. 항상 "저한"이라고 발음한다. 이름이 불린 잠시 후 우리 아이가 달려 나온다. 그 첩보원이 무전기에 대고 이름을 부른 다른 아이들도 우르르 같이 몰려나온다. 저마다 자기 엄마, 아빠에게 쏜살같이 달려가 안긴다. 특별한 경우가 아니고선 학교 안에 들어갈 수는 없다.

학교에서는 유치원 전 프리케이 단계 아이들 부모에게 파란색 쪽지에 이름을 적어 준다. 이 쪽지가 없으면 아이를 데리고 갈 수 없다. 다이아몬드나 금으로 장식된 것도 아니고, 아름다운 문양이 있는 것도 아닌데, 이 쪽지가 그 아이의 부모라는 매우 중요한 표식이다. 유치원이나 초등 저학년은 노란색 쪽지를 쓴다. 이렇게 주차장에 차를 대로 걸어가서 쪽지를 보여 주고 아이를 데리고 오는 부모들을 워커(Walker)라고 한다. 보통 어린아이들을 이렇게 픽업하는 경우가 많다.

학년이 조금 더 올라가면 아이가 픽업하러 온 부모의 차에 바로 탄다. 학교 건물 앞쪽에 붉은색 선이 쭉 그어져 있는데 여기에 차들이 줄지어 선다. 자동차 창문에 표식 쪽지를 달아 내가 유괴범이 아니라 데리고 가는 아이 부모라는 걸 증명한다. 너무 어린아이는 차를 찾고, 스스로 문을 열고, 이런 것들이 어려울 수 있어 차를 주차장에 대어 두고 부모가 직접 아이를 데리러 가는 것이다.

부모가 직접 픽업하러 오지 않고 스쿨버스를 활용하는 학생들도 있다. 담임 교사들은 스쿨버스에 우선해서 아이들을 데려다주고, 이후 직접 픽업하러 온 부모들에게 아이들을 인계한다. 스쿨버스를 활용할 경우, 여러 곳을 둘러서 집에 오기에 귀가할 때까지 시간이 더 오래 걸린다. 그런데 아이가 너무 어리면 스쿨버스에 오래 있는 걸 힘들어하는 경우가 있어 직접 픽업하는 부모들이 많다.

그런데 유치원 들어가기 전 프리케이 아이들도 아침 7시 30분경이면 학교에 도착해야 한다. 정말 이른 시간이다. 아이는 학교에서 아침을 먹는다. 본의 아니게 가족 모두가 아침형 인간이 된다. 등교 때는 학교 안으로 들어갈 수 있는 유일한 문 앞에 선생님이 한 명 서 있다. 그리고 아이 한 명, 한 명의 이름을 부르며 반겨준다. 전체 학생 수가 많지 않아서인지 학생들 이름을 모두 알고 있는 듯하다. 한국과는 다른 이러한 등하교 방식은 미국에서 경험한 새로운 것이었다.

아이를 학교에 보내면서 너무나 낯선 환경에 제대로 적응할 수 있을까 걱정이 많았다. 그러나 생각보다 잘 다녀 주어서 대견하기 그지없다. 한국에서 영어를 배운 적이 전혀 없었기에 의사소통이 되지 않는 것이 당연하고, 시스템도 익숙하지 않아 진짜 두렵고 답답했을 텐데 생각보다 금방 적응한 것이 신기하기도 했다. 한두 달 지나고 나서는 친구들 이름을 이야기하고, 모르는 단어를 물어보기 시작했다. 언어에 대한 뇌 가소성이 살아 있는 시기에는 빠르게 원어민처럼 언어를 배울 수 있다는 말이 어느 정도 사실인 것 같았다. 한국에서 영어 시간에 강조해서 배웠던 p와 f의 발음 차이, 입술에 이를 붙이고 발음하라고 배운 v 등 토종 한국인으로서 내가 인위적으로 학습했던 것들을 따로 강조하지 않아도 그 원칙에 맞추어 자연스럽고 아름답게 발음하는 것이 부러웠다.

매일 아침에 아이를 학교에 데려다주고, 매일 오후마다 쪽지를 들고 서 있으면서 자연스럽게 같은 반 친구 학부모들도 알게 되었다. 그중에서도 가장 먼저 이야기를 튼 사람이 중국에서 온 헤일리의 아빠였다. 아무래도 같은 동양계면 처음에 말 붙이기가 상대적으로 쉽다. 나처럼 영어를 잘하지 못할 것이라는 근거 없는 기대가 있기 때문이다. 그러나 헤일리 아빠는 거의 30년 전에 미국으로 왔고, 캘리포니아에서 살다가 몇 년 전에 텍사스로 이사해 왔다고 했다. 그래서 영어에는 매우 익숙해져 어렵지 않게 미국 생활을 하는 듯했다. 단지 나만 중국식 영어를 알아듣기 어려울 뿐이었다. 이렇게 말을 트고 매일 아이들 픽업을 위해 만나게 되면서 헤일리 아빠의 한 가지 특이한 점을 발견했다. 항상 똑같은 옷을 입고 항상 똑같은 모자를 쓰고 다닌다는 사실이다. 그런데 더욱 놀라운 점은 이렇게 똑같은 옷이나 모자와는 다르게 차는 자주 바뀐다는 것이었다. 그것도 비싼 차로 말이다. 지금까지 4대의 다른 차를 보았는데, 옷은 계절이 바뀔 때 딱 한 번 바뀌었다. 아들 지한이를 픽업하러 갈 때 헤일리 아빠가 오늘은 어떤 차를 타고 오는지 살펴보는 것은 일상의 소소한 재미 중 하나가 되었다. 진짜 엄청 부자일까? 아님 렌터카 업체에서 일하는 사람일까? 아직도 미스터리다.

영화에서나 볼 법한 미국 학교의 등하교 장면, 그 속에서 다양한 국적과 인종이 어우러지는 시간, 조금씩 알게 되는 사람들의 재미있는 특성들. 이 모든 것들은 매일 반복되는 일상을 새로운 장소의 여행처럼 만든다. 이렇게 일상이 여행이 되는 삶이야말로 진정 풍요롭고 아름다운 삶이 아닐까?

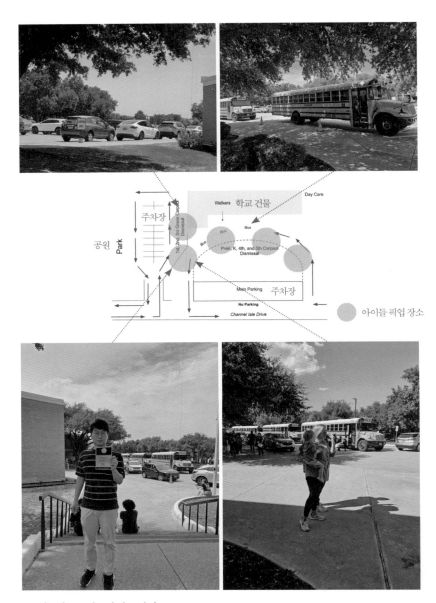

허프만 초등학교의 하교 장면
이국적인 풍경이 매일의 삶을 여행처럼 느끼게 만들어 준다.

텍사스에서
레이첼 되기

한국에서는 매주 월요일, 목요일에 듣는 이야기였지만, 미국 텍사스에서는 들을 수 없는 말은?

정답은 "분리수거 좀 해 주세요!"다.

한국의 우리 아파트에서는 재활용 쓰레기를 종류별로 나누고, 월요일과 목요일에 그걸 버릴 수 있었다. 텍사스에서는 그런 게 없다. 한국의 쓰레기 분리수거 시스템에 적응했다가 미국 텍사스에 와서 아무것이나, 언제나, 막 버릴 수 있는 환경에 놓이니 처음에는 약간 어색하기도 하고 뭔가 죄를 짓는 기분이 들기도 했다. 그러나 사람은 역시 적응의 동물인지라 약간의 시간이 지난 후에는 네이티브 텍산(Texan)처럼 박력 있게 모든 것을 와장창 섞어 호기 있게 쓰레기를 투척한다. 종량제 봉투 같은 것도 없으므로 비닐봉지나 빈 박스 같은 데 대충 담아 버리면 된다. 이렇게 간단할 수가! 참 편하기는 한데 이렇게 막 버려도 되나 싶은 생각이 드는 건 사실이다.

아파트 단지의 여러 집이 자유롭게 쓰레기를 배출하다 보니 쓰레기가 금방 산더미처럼 쌓인다. 매일 쓰레기 처리 업체 차가 와서 커다란 컨테이너 쓰레기 박스를 통째로 들어서 그 안의 쓰레기를 수거한다. 그런 모습을 볼 때마다 태평양에 있다는 거대한 쓰레기 섬이 생각난다. 그 규모가 우리나라보다 훨씬 큰 이 쓰레기 섬은 UN에 정식 국가로 신청을 하고 국가 성립의 기준을 충족하기 위해 여권과 화폐도 만들었다고 한다. 온라인으로 시민을 모집했고, 유명 인사들이 정부의 주요 보직을 맡았다. 왠지 우리 집에서 나간 쓰레기가 태평양의 쓰레기 섬에 들어가 있을 것 같은 기분이 든다. 이 쓰레기 섬의 상당 지분이 미국에 있을 것 같은 느낌적인 느낌은 너무 과도한 것일까?

요즘 어디서든 기후 위기에 관한 이야기를 들을 수 있다. 난 대단한 환경 운동가는 아니지만 여기저기서 관련 정보를 접하다 보니 약간의 관심을 가지게 되었다. 세계의 환경 문제에는 전 세계가 관련되지만, 미국과 같은 거대 국가는 더욱 큰 영향을 미친다. 예전 트럼프 정부 시절, 미국이 온실가스 감축을 결의하는 파리협정을 탈퇴하겠다는 의사를 밝혀 큰 논란이 되었던 적이 있다. 세계가 공동으로 지구 환경 문제에 대응하겠다는 움직임에 세계 최대 강대국 미국이 "그거 나랑 상관없는 일이야. 너희들끼리 알아서 해."라는 반응을 보인 것이다. 많은 비판이 있었지만 나 싫어서 떠나겠다는 사람을 억지로 잡아둘 수는 없는 노릇이었다. 그런데 절차상 협정 탈퇴 선언 후 3년의 유예기간이 지나야 공식적으로 탈퇴 처리가 되는데, 그사이 새롭게 들어선 바이든 정부가 다시 파리협정에 가입하기로 하여 미국의 파리협정 탈퇴는 없었던 일이 되었다고 한다.

미국에 올 준비를 하는 과정에서 겪었던 어려움 중의 하나가 전기 회사를 선택하는 것이었다. 미국 전기 회사에 대한 개념이나 정보가 별로 없어서 이사하려는 아파트의 오피스에서 추천해 준 Green Energy Mountain이라는 회사를 선택했다. 이름에서 약간 짐작은 했지만 이후 이 회사의 홈페이지를 통해 친환경적인 방식으로 에너지를 생산하는 회사라는 것을 알게 되었다. 미국에서도 이렇게 환경에 관심을 가지는 움직임이 있다는 사실을 알게 된 것과 더불어, 매일 막 버리는 쓰레기에 대한 죄책감을 아주 약간은 상쇄해 주는 심리적인 효과도 있었다.

김초엽 작가의 『지구 끝의 온실』이라는 소설을 좋아한다. 설정이 재미있으면서 의미가 있다고 느꼈다. 2050년, 더스트 폴로 인해 지구는 인간이 살 수 없는 곳이 된다. 먼지라는 뜻의 '더스트'에서 유추할 수 있듯이 사람들은 지구에서 숨 쉬고 살아갈 수 없게 되었다. 인류는 거의 소멸하고 소수의 사람만이 돔 시티를 건설하여 그 안에서 살아간다. 생명이 걸린 문제인 만큼 외부 사람들이 돔 시티에 들어오려고 하면 치열한 싸움이 벌어진다. 그런데 돔 시티가 아닌데도 사람이 살아갈 수 있는 곳이 있었으니 바로 프림 빌리지다. 이 프림 빌리지의 언덕 위 온실에는 식물학자 레이첼이 살고 있다. 프림 빌리지 사람들은 레이첼이 제공하는 더스트에 저항성을 가진 식물과 분해제 덕분에 돔의 보호가 없어도 숨 쉴 수 있었다. 이렇게 프림 빌지리에 생명을 불어넣는 식물의 이름은 모스바나다. 결국,

텍사스 아파트에서의 쓰레기 처리
쓰레기 청소차가 커다란 컨테이너 쓰레기통 전체를 들어 올려 그 안의 쓰레기를 한꺼번에 수거한다. 쓰레기 청소차가 저 뒤로 보이는 청명한 하늘 한 조각을 퍼담아 가는 것 같다.

모스바나가 지구에 퍼지기 시작하면서 더스트의 감소가 시작되고 지구는 본래의 모습을 회복할 수 있게 되었다.

다행스럽게도 아직 더스트 폴이 우리가 실제 사는 지구를 덮치지는 않았다. 그래서 우리는 돔 시티가 없어도 지구 어느 곳에서나 살아갈 수 있다. 그래서인지 매일 숨 쉬고 있는 공기, 마실 수 있는 물의 소중함을 그렇게 크게 느끼지 못하는 것 같기도 하다. 당연히 거기 있기 때문이다. 그러나 지구 끝의 온실에서처럼 한 번의 급격한 더스트 폴이 우리를 덮치지는 않았더라도 매일 조금씩 더스트 폴이 우리를 침범하고 있는 것은 아닐까? 우리가 모르는 사이에 조금씩 지구가 죽어 가고 있는 것은 아닐까? 내가 하는 작은 행동이 세계 모든 곳에 영향을 미치게 된 지구촌 시대에 우리는 모두 레이첼이 되어야 한다. 환경을 생각하는 작은 행동 하나가 바로 나만의 모스바나를 만드는 것일 수 있다.

한국에서 월요일, 목요일에 분리수거를 할 때 우리 집에서 나의 존재 의미가 가장 컸다. 드라마를 보면 이런 비슷한 집들이 많아 웃프기도 했다. 그런데 텍사스에서는 이렇게 나의 존재 의미를 드높일 기회가 사라졌다. 미국에서도 주별로 정책이 다르고 쓰레기 재활용률이 높은 곳도 있다고 한다. 하지만 적어도 내가 경험한 텍사스에서는 아니었다. 여기서도 나의 존재 의미를 찾고 싶다. 이렇게 개인의 존재 의미를 찾는 작은 행동이 사라질 때, 지구에서 인류의 존재 의미가 사라질지도 모른다. 모스바나를 만드는 텍사스의 레이첼이 필요하다.

여기는
한국인가, 미국인가

고3 시절, 아침 7시에 등교해서 밤 11시에 학교가 끝났다. 주말에도 계속 학교에 나갔다. 우리 집과 학교까지 거리도 꽤 멀었다. 이런 생활에서는 체력 관리가 무엇보다 중요했다. 아침을 잘 먹어야 두뇌 회전이 잘 되고 하루를 활기차게 보낼 수 있다고 철석같이 믿었던 어머니는 항상 아들에게 아침을 먹이려고 노력하셨다. 지금 생각해 보면 매일 아침을 그렇게 준비한다는 것이 보통 일이 아닌데 그때는 그런 것도 잘 몰랐다.

밤늦게 들어와서 겨우 눈을 조금 붙이고 또다시 아침에 일어나자마자 밥을 먹는다는 것이 생각처럼 쉽지 않았다. 아침이면 밥맛이 없었다. 지금은 새벽에 일어나서 바로 밥을 먹어도 맛만 좋은데 그때는 왜 그렇게 먹기 싫었는지 모르겠다. 어린 시절, 반찬이 있건 없건, 새벽이건 밤늦은 시간이건, 언제나 맛있게 식사하시는 아버지를 보고 참 신기하다는 생각을 많이 했었는데 지금의 내가 그렇게 되었다.

입맛이 까탈스럽던 고등학교 시절 내가 가장 좋아하는 음식은 돈가스였다. 물론 지금도 아주 좋아한다. 그 시절, 아침을 잘 먹지 못하는 나를 보시고 어머니께서는 아침마다 돈가스를 해 주셨다. 그러면 이른 아침에도 어느 정도 밥을 먹었다. 이런 나를 보며 어머니는 내 입맛이 국제적이라 외국에 가서도 잘 살겠다고 하셨다. '고슴도치도 제 새끼는 함함하다고 한다.'라는 말이 진정 실현되는 장면이 아닐 수 없다. 그런데 문제는 나도 그 말을 철석같이 믿었다는 것이다. 나는 국제적 입맛을 타고났으니 세계 어디에 가도 생활하는 데 어려움이 없으리라 생각했다. 될성부른 나무는 유전자부터 다르다고 생각했다.

그러다 박사과정을 미국에서 보내게 되었다. 낯선 나라에서의 생활이 다소 걱정되기는 했지만 적어도 내 입맛이 세계적이라 먹는 문제로 고생할 일은 없으리라 생각했다. 그러나 그건 오산이었다. 미국 사람들은 한국에서 내가 좋아하던 그런 돈가스를 주식으로 하지 않았다. 주식은커녕 비슷한 것을 찾기도 어려웠다. 내가 먹던 돈가스는 한국화된 우리 집의 돈가스였다. 미국에서는 그런 걸 찾을 수 없었다. 정작 미국의 일상적인 음식들은 나와 잘 맞지 않았다. 그때 나는 알게 되었다. 내가 얼마나 한국적인 입맛을 가진 토종 한국인인지를. 나는 밥 먹을 때마다 김치가 있어야 했으며, 된장찌개를 너무 좋아하는 그런 사람이었다.

박사과정 시절, 나는 텍사스의 칼리지 스테이션이라는 작은 대학 타운에 살았다. 한국인 대학원생들이 제법 있어서 타운에 구멍가게 같은 한인 마트가 있었다. 그곳에서 당장 필요한 한국 음식들을 살 수 있었다. 하지만 다양한 종류가 갖춰져 있지는 않았다. 그래서 보통 한국 음식을 사러 근처에 있는 큰 도시인 휴스턴, 아니면 좀 더 멀리는 댈러스에 다녀오곤 했다. 휴스턴까지는 한 시간 반 정도, 댈러스까지는 세 시간이 좀 넘게 걸렸다. 그래서 주말에 큰마음 먹고 다녀오거나 장 보러 가는 친구들에게 부탁하는 방식으로 한국 음식을 공수했다.

박사과정 시절로부터 10여 년이 지난 2023년, 텍사스 플레이노라는 곳에서 살고 있다. 댈러스 근처에 있는 도시라 한인 마트가 가까워서 좋다. 박사과정 때, 세 시간 이상 걸려서 오던 마트가 20분 이내에 있으니 한국 음식 사는 것이 훨씬 편해졌다. 라면이 떨어지면 금방 다녀올 수 있고, 오늘 저녁에 김치가 없다는 것을 알아도 걱정이 없다. 물론 한국에서만큼 다양한 음식이 있는 것은 아니고, 같은 라면이라도 맛이 좀 다른 듯하지만 그래도 마음이 든든한 건 사실이다. 한국 음식을 살 때는 한인 마트, 우유나 고기처럼 일반적인 식료품을 살 때는 미국 마트를 이용했다.

어느 날, 소고기를 사러 미국 마트인 코스트코에 갔는데 '저건 뭐지? 한인 마트에 잘못 왔나?' 하는 생각을 들게 하는 장면과 마주하게 되었다. 엊그저께 한인 마트에서 특가로 나온 라면 번들을 하나 샀는데, 그것보다 두 개 더 들어 있는 똑같은 라면 번들이 한인 마트보다 더 싼 가격으로 판매되고 있는 것이 아닌가! 한국 우동도 있고 김도 있었다. 심지어 김치도 있었다. 세계적으로 가장 큰 유통업체 중 하나인 월마트에서 한국 불라면을 팔고, 불라면 먹기 게임이 유행하여 아마존에서도 그 라면이 불티나게 팔린다고 한다.

최근 방영된 tvN의 〈어쩌다 사장 3〉 미국 편에서 김밥 지옥이라는 말이 나올 정도로 김밥이 인기리에 팔리는 장면이 나왔다. 미국에서 김밥

인기가 좋다는 것 또한 사실이다! 트레이더스 조라는 마트에서 한국 김밥을 팔기 시작했는데, 오픈런을 하지 않으면 살 수가 없다. 미국에서 김밥의 인기가 높아지면서 이와 관련된 일화를 소개한 글도 본 적이 있다. 김은 영어로 seaweed, 바다 잡초다. 그렇다면 김을 먹는 사람은 바다 잡초를 먹는 미개인? 그래서 어릴 적 미국에서 김밥 도시락을 싸 가면 늘 이상한 눈초리를 받았다는 것이었다. 그런데 이제는 미국인들이 간식으로 김을 싸 오고, 김밥을 사기 위해 오픈런을 해야 하는 상황이라니, 격세지감이 느껴진다는 것이었다.

미국 곳곳에서 예전보다 한국의 위상이 높아졌다고 생각하게 하는 일들이 많아졌다. 반스 앤 노블이라는 큰 서점에서 방탄소년단 앨범과 화보를 쉽게 찾을 수 있다. 처음 우리 동네 반스 앤 노블을 방문했을 때 가장 먼저 눈에 들어온 것은 블랙핑크 사진이었다. 미국에서 은행 계좌를 열 때, 은행 직원이 내가 한국에서 왔다는 사실을 알고 자신이 최근에 본 〈종이의 집〉 이야기를 했다. 맞다! 앞서 이야기했던 그 은행 직원이다. 일 처리는 좀 서툴렀지만 그래도 한국을 좋아한다니 너그러운 마음으로 봐줘야겠다. 〈오징어 게임〉이 세계적으로 유명하다는 건 이제 누구나 아는 사실이다. 예전에는 미국 거리에서 한국 차를 찾는 것이 어려운 숨은그림찾기였는데, 이제는 한국 차 숨은그림찾기를 하기는 어려워졌다. 한국 차는 숨어 있지 않고 곳곳에서 자주 눈에 띄기 때문이다. 미국 영화관에서 개봉한 한국 영화 〈서울의 봄(12.12: THE DAY)〉, 〈파묘(Exhuma)〉를 관람하기도 했다. 한국말로 대사가 나오고 영어가 자막으로 나온다. 기분이 묘하다. 세계 속의 한국의 위상은 너무나 달라졌다.

미래를 예측하는 가장 확실한 방법은 미래를 창조하는 것이라 했다. 내 입맛을 세계적인 것에 맞출 것이 아니라 내가 좋아하는 것을 세계적인 음식으로 만들면 된다. 내가 만든 콘텐츠가 세계적인 것이 되도록 하면 된다. 이제 한국은 세계 어디를 가더라도 누구나 아는 나라가 되었으며, 한국적인 것이 세계적인 것이 되고 있다. 앞으로 세계는 더욱 가까워질 것이며 세계를 대상으로 꿈을 펼칠 생각을 해야 한다. 큰 꿈을 가진 사람은 그것에 맞추어 자신의 삶을 조정하게 된다고 한다. 원대한 포부를 가지고 있으면, 설령 그것을 이루지 못하더라도 그것을 위해 나를 돌아보게 되고, 그로 인해 이루는 것이 상대적으로 커지게 된다고 한다. 그러니 꿈은 크게 가져야 한다. 세계를 무대로 자신이 주인공이 되는 미래를 창조하려는 꿈을 가지는 사람이 되어야 한다. Aim High!

미국 주요 마트 진열대

어느 나라 마트인가? 미국의 대표적 마트인 Wall mart, HEB, Costco 진열대의 모습이다. 우리나라 식료품이 버젓이 팔리고 있는 모습이 시대의 변화를 실감하게 한다.

미국 영화관에서 한국 영화 관람

한국에서 할리우드 영화를 보는 것이 아니라 미국에서 한국 영화를 보는 날이 오게 될 줄 누가 상상이나 했을까?

아름다운
변태 되기

나는 차를 좋아한다. 거리에서 지나다니는 차를 구경할 때면 시간 가는 줄 모른다. 멍하니 앉아서 다양한 차들을 살펴본다. 여러 색깔의 차들은 각자 자신의 옷을 입은 것처럼 보인다. 미세하게 다른 차들의 차이를 발견할 때면 마치 내가 자동차 전문가가 된 것 같아 혼자 뿌듯해하기도 한다. 미국에서는 한국보다 훨씬 다양한 차들을 거리에서 만날 수 있다. 세계 자동차 회사들의 최대 각축장이라 한국에서 보기 어려운 차들도 많다. 이런 미국에서 더욱 격렬하게 자동차 보기를 즐긴다.

이 와중에 눈에 띄는 것이 있으니 바로 자동차 번호판이다. 특이한 점은 앞 번호판이 없는 차들을 자주 볼 수 있다는 것이다. 한국에서는 상상도 못 할 일이다. 그래서 처음에는 엄청 어색하게 느껴졌다. 나는 자동차 앞모습을 사람 표정처럼 생각하며 보는 걸 즐기는데 앞 번호판이 없는 차를 보면 색다른 느낌이 든다. 코로나19 감염증으로 한동안 모든 사람이 마스크를 쓰고 다녔는데, 앞 번호판 없는 흰색 테슬라 차량이 딱 그 모습이다. 어떤 차는 이가 빠진 할머니 혹은 할아버지 모습을 떠오르게 하기도 한다. 눈썹을 민 것 같은 느낌을 들게 하거나 수염을 자른 것 같은 느낌을 주는 차도 있다.

자동차 앞 번호판이 없는 것과 더불어 앞 번호판의 위치를 바꾼 차량도 볼 수 있다. 앞 가운데가 아니라 옆쪽에 번호판을 단 차가 있는가 하면, 앞 유리창 안쪽에 번호판을 세워둔 차도 발견할 수 있다. 가운데가 아닌 옆쪽에 구멍을 뚫어 번호판을 단 차량 주인은 왜 굳이 그렇게 할 생각을 했을까?

번호판에 자신만의 문구를 넣은 차량을 볼 수도 있다. 차량 등록 시 일정 금액을 더 내면 내가 원하는 문자, 숫자를 넣을 수 있다. 연구년으로 와 있는 대학의 주차장에서 가끔 볼 수 있는 '1 2B PHD'라는 번호판은 너무 인상적이다. 분명 대학원생 차량일 것 같다. 나도 박사과정 시절, PHD가 너무 되고 싶었다. 예전에는 별생각 없었는데, 박사과정을 경험하면서 주변 박사님들에 대한 존경이 새록새록 솟아났다. 그래서인지 이 번호판을 붙인 대학원생의 마음에 너무 공감이 가고, 그것을 유머러스하게 풀어낸 재치가 감탄스럽다. 조수석에 포근한 자리를 마련하고 예쁜 강아지를 태워 둔 차량의 번호판을 보았더니 'DOGZOO'였다. 자신의 차를 동물원으로 만들어버렸다. 도로를 달리다 본 'KK Ride'라는 번호판은 절로 웃음을 자아내었다. 술에 취했다는 뜻을 가진 'TIPSY'를 번호판에 적고 다니다 그것을 본 경찰의 음주 단속에 걸렸다는 기사를 본 적도 있다. 왜 굳이 술 마셨다고 차에 적고 다녀서 긁어 부스럼을 만드는지. "실례합니다(Excuse me)"라고 말하는 것처럼 느껴지는 'Xcooosme', 베이컨이 그렇게 좋은지 'Mmm Bacon(음, 베이컨)'이라고 적은 번호판도 있다고 한다.

여러 주를 여행하다 보면 주별로 다른 디자인의 자동차 번호판을 발견하게 되는데 이를 살펴보는 재미도 쏠쏠하다. 그 주의 특성을 보여 주는 디자인을 하고 있어 의미가 있기 때문이다. 미국의 정식 명칭이 United States of America인 것에서 알 수 있듯이 연합된 각각의 주들이 미국을 이루고, 각 주는 사실 개별 나라처럼 느껴지기도 한다. 그만큼 하나의 주도 그 규모가 거대하고 다양한 요소를 담고 있다. 이런 거대한 주를 어떤 하나의 문양으로 대표한다는 것은 그 주에 대한 사람들의 상징적인 심상을 반영한다고 보아야 할 것이다. 예를 들어, 건조한 기후에 광활한 대지와 선인장을 자주 볼 수 있고, 그 유명한 그랜드 캐니언의 일부도 포함하는 애리조나주의 자동차 번호판에는 높은 산과 선인장 문양이 포함되어 있다. 추운 알래스카주의 번호판에는 곰 모양이 새겨져 있다 최근 눈 덮인 산 디자인으로 바뀌었다. 큰 바위 얼굴로 유명한 러시모어산이 있는 사우스다코타주는 자동차 번호판에도 큰 바위 얼굴이 등장한다. 각 주의 번호판은 이렇게 그 주를 상징적으로 나타낸다.

미국의 자동차 번호판은 이렇게 다양성을 보여준다. 그리고 자율성을 허용한다. 나는 자동차 번호판이 모두 똑같은 모양에 똑같은 위치에 달려 있어야 한다는 '사실'을 한 번도 의심해 보지 않았다. 이런 나에게 미국의 다양한 자동차 번호판은 신선한 충격으로 다가왔다. 내 사고가 이렇게 경직되어 있었나? 창의성, 그리고 세상을 변화시키는 생각은 어떤 것을 당연하게 받아들이지 않고 새로운 관점으로 접근하는 것에서 시작된다. 안

일하게 생각하지 않아야 다른 사람이 하지 않는 생각을 하고, 나만의 이야기를 할 수 있게 된다. 나만의 이야기를 할 수 있어야 인생이 재미있고, 다른 사람이 내 이야기를 들어 준다. 미국의 자동차 번호판을 통해 이런 생각을 하는 건 좀 오버인가? 뭐 다양한 생각이 필요한 거니까. 사실 위대한 변화는 작은 것을 세밀하게 생각하고 다르게 생각하는 것에서 시작된다.

미국을 방문할 기회가 있다면 각 주의 특성, 그리고 개인의 특성을 보여주는 자동차 번호판을 살펴보는 것도 여행에 색다른 재미를 더해 줄 것이다. 미국뿐만 아니라 세계 여러 국가에서 특색 있는 자동차 번호판을 많이 찾아볼 수 있으니 여행자라면 염두에 둘 만하다. 미국의 자동차 번호판을 사례로 했지만, 굳이 멀리 가지 않더라도 일상의 여행에서 당연한 것을 당연하지 않게 보려는 마음가짐을 가진다면 삶이 한층 다채로워질 수 있다. 익숙한 것을 낯설게 보기가 낯선 것을 새롭게 보기보다 훨씬 더 어려운 일이다. 그러나 그만큼 더 신선한 기쁨을 줄 수 있다. 그것이 창의적으로 세상을 바라보는 방법이 아닐까 한다.

한 가지 주의할 사항! 남의 차를 계속 뚫어지게 보고 있으면 오해를 살 수도 있으니 안 보는 척하며 슬쩍슬쩍 훔쳐보기를 추천한다. 나는 매일 그렇게 변태처럼 남의 차를 곁눈질로 훔쳐보았다. 나쁜 변태는 당연히 나쁘다. 그러나 새로운 변화를 추구하는 혁신이라는 변태, 트랜스포메이션 (transformation)을 만들어 가는 주인공이 되는 것은 나쁘지 않다. 번데기가 나비가 되는 것 같은 변태는 아름다운 세상을 만드는 힘이 될 수 있다.

앞 번호판 없는 미국 차량
번호판이 없는 이 흰색차량은 꼭 마스크를 쓴 얼굴처럼 느껴진다.

박사가 되고 싶은 마음을 담은 번호판
대학원생으로 추정되는 이 차량 주인의 마음이 애틋하다.
꼭, 반드시, 무사히 박사학위 받기를 기원한다.

애리조나주 자동차 번호판
애리조나주의 자연환경을 잘 보여주는 디자인이다.
애리조나 하면 그랜드 캐니언, 그리고 사막과 선인장이지!

Part 2.

일상에서의

새로움

열린 여행자로
핼러윈 맞이하기

잭 오 랜턴(Jack O' Lantern)! 트릭 오어 트릿(Trick or Treat)!

미국의 대표적 축제 중 하나인 핼러윈 하면 떠오르는 두 가지다. 잭 오 랜턴은 호박 속을 파내고 눈, 코, 입 모양으로 구멍을 뚫은 후 그 안에 초를 넣은 등불이다. 핼러윈이 되면 집 앞에 이런 잭 오 랜턴을 놓아둔다. 그리고 아이들은 해적, 유령, 마녀 등의 분장을 하고 "트릭 오어 트릿(사탕 주면 안 잡아먹지!)"이라고 외치며 사탕, 초콜릿 등을 받으러 다닌다.

핼러윈은 고대 켈트족의 전통 축제인 사윈(Samhain)에 기원을 두고 있다. 켈트족은 1년이 12달이 아닌 10달인 달력을 썼다. 그러면 10월 31일이 한 해의 마지막 날이 된다. 그래서 이날에 죽음의 신에게 제사를 지냈다고 한다. 이를 통해 죽은 영혼이 평온을 찾고, 악령이 해를 끼치지 못하도록 하는 전통이 있었다. 한 해의 마지막 날은 산 자와 죽은 자의 경계가 약해지고, 유령이 인간 세계에 들어와 산 사람들과 어울린다고 믿었다. 그래서 악령이 해를 끼칠까 두려워 유령처럼 옷을 입고 다녔다. 19세기까지 미국에서의 핼러윈은 켈트족 기원 아일랜드 이민자들이 즐기는 소규모 축제였다. 그러나 아일랜드 대기근이 상황을 바꾸어 놓았다. 감자잎마름병으로 주식인 감자 생산이 급감해 먹을 것이 없어진 아일랜드인들의 대규모 미국 이주가 시작되었기 때문이다. 이렇게 대규모로 이주한 이들에 의해 핼러윈은 미국을 대표하는 축제 중 하나가 되었다. 모든 성인 대축일(All Hallows' Day)과 관련하여 핼러윈의 기원을 설명하기도 하지만 난 사윈 축제 기원설이 더 마음에 든다.

핼러윈이 다가오면서 핼러윈 장식을 한 집들이 눈에 띄기 시작한다. 이 동네, 저 동네 다니면서 이국적인 집들을 보는 재미가 쏠쏠하다. 각자 개성을 살려 경쟁하듯 집을 꾸미는 문화가 새롭다. 그리고 잭 오 랜턴을 만들기 위한 호박을 파는 곳들이 생겨나기 시작한다. 잭 오 랜턴은 아일랜드 전설에 등장하는 인색한 잭(Stingy Jack)에서 유래했다고 알려져 있다. 잭은 장난이 너무 심해 마을 사람들을 괴롭히고 심지어 악마에게까지 장난을 쳤다. 그 때문에 잭이 죽은 뒤, 천당과 지옥 모두 잭을 받아주려 하지 않았다. 그래서 잭의 영혼은 빛이 나는 석탄 하나를 들고 구천을 떠돌게 되었는데, 그 석탄을 순무에 넣어서 다녔다. 원래 잭 오 랜턴은 순무를 써야 하는 것이었다. 그런데 아일랜드 이민자들이 미국에 오면서 순무가 호박으로 바뀌었다. 잭 오 랜턴은 잭이나 다른 영혼들이 집에 들어오지 못하게 하려는 의도를 가진다.

이렇게 핼러윈에서 호박은 중요한 의미를 지니는 상징물이라 곳곳에서 호박판이 벌어진다. 일상의 공간에서 이렇게 많은 호박을 본 건 평생 처음이다. 대규모로 호박을 파는 곳들도 있어 독특한 경관을 만들어 낸다. 입장료를 내고 호박을 구경하고 마음에 드는 호박을 살 수 있는 곳이 있지만 돈 내고 돈 쓰러 가기는 좀 그래서 무료로 호박 이벤트 하는 곳을 찾아가 보았다. 사실 그렇게 큰 기대를 하지는 않았는데, 푸른 가을 하늘에 주황색 호박이 조화를 이루는 풍경이 너무 아름다웠다. 호박 색깔이 이렇게 예뻤나? 여러 소품으로 아기자기하게 꾸며 놓은 이국적 경관이 눈길을 사로잡았다. 탁 트인 풍경이 동화 속의 한 장면 같다. 짚으로 만들어진 미로 속에서 헤매는 놀이를 할 수도 있고, 카트에 호박을 담아 농장의 농부처럼 옮기는 작업도 해 볼 수 있다. 한참을 호박이랑 논 뒤에, 집에서 잭 오 랜턴을 만들기 위해 적당한 크기의 호박 두 덩어리를 샀다. 큰 거 하나랑 작고 예쁜 거 하나. 이번 핼러윈에 우리 집은 안전할 것 같다.

10월 31일, 핼러윈 당일에는 미국의 핼러윈 밤을 직접 경험해 보고 싶었다. 인터넷에 핼러윈 행사를 크게 하는 플레이노의 동네들이 소개되어 있어 집에서 가까운 한 마을을 찾아가 보았다. 집 구경이나 좀 더 할 수 있지 않을까 하는 생각이었는데, 마을 입구부터 분위기가 심상치 않다. 차들이 길게 줄지어 서 있는 것이 생각보다 큰 이벤트가 벌어지는 것처럼 느껴졌다. 차들이 가장 많이 들어가는 곳으로 뒤따라 들어가 주차를 했다. 차에서 내리는 순간 새로운 세상에 들어선 느낌이다. 유령들이 배회하는 이승과 저승의 경계처럼 느껴진다. 어른이고 아이고 할 것 없이 특이한 복장을 하고 거리를 걸어 다닌다. 우리 가족만 일상복을 입고 있다. 드레스 코드를 맞추지 못했다. 눈이 3개인 사람들만 사는 곳에서는 눈 2

핼러윈 호박 판매장
푸른 하늘과 황금색 풀밭, 그리고 주황색 호박의 조화가 이국적이고 아름다운 풍경을 만들
어낸다.

크기에 따른 호박 판매
크기에 따라 가격을 매겨 호박을 판매한다. 어떤 크기의 호박을 살까 고민하다 결국 가운데
있는 것을 샀다. 월마트에 가니 훨씬 더 싸서 실망하기도 했지만, 구경 값인 셈 치기로 했다.

개를 가진 사람이 특이하게 느껴지듯, 마치 우리가 유령 같다. 여기저기 화려한 장식이 있고 조명이 빛난다. 사람들이 가장 많이 들어가는 집 쪽으로 가 보았다. 들어갈 때 사탕과 초콜릿을 나누어준다. 모두 반갑게 인사한다. "해피 핼러윈!" 핼러윈 인사가 해피 핼러윈이란 것도 그때 처음 알았다.

아이들이 트릭 오어 트릿을 한다. 집마다 문을 두드리고 사탕 같은 걸 얻으러 다니는 것이다. 코로나19로 한때 축소되었으나 다시 본래의 모습을 찾고 있다. 트릭 오어 트릿 기원에 관한 몇 가지 설이 있지만 역시 켈트족 관련 이야기에 마음이 간다. 켈트족들은 한 해의 마지막 날에 불을 피워 놓고 가면을 쓰고 노래 부르고 춤추며 제사를 지냈다. 그리고 제사를 지낸 후 선물을 나누어 주곤 했는데 여기서 트릭 오어 트릿이 기원했다는 것이다.

이곳 아이들은 커다란 주머니를 들고 가가호호 사탕을 얻으러 다닌다. 미처 준비하지 못했지만, 우리 아이도 누군가가 건네준 작은 종이컵을 들고 동참할 수 있었다. 두 번째 들른 집에서 작은 손에 들려 있는 작은 종이컵을 본 아주머니께서 "잠시 기다려 봐. 내가 커다란 봉지 하나 줄게." 하면서 커다란 비닐봉지 하나를 가져다주신다. 이후부터 이 비닐봉지를 들고 본격적으로 트릭 오어 트릿을 시작했다. 트릭 오어 트릿에 참여하는 집들은 불을 밝혀 두어 방문해도 된다는 의사를 표시한다. 똑똑문을 두드리면 주인이 나와 한 움큼씩 사탕이나 초콜릿을 봉지에 담아 준다. 이 행사를 위해 단 것들을 미리 이렇게 잔뜩 사서 기다리고 있었다는 것이 신기했다. 현관 앞 바구니에 사탕을 쌓아 두고 아이들이 알아서 가져갈 수 있도록 해 놓은 집도 있다. 핼러윈을 맞은 아이들은 세상 즐겁다. 사실 어른들도 아이들 못지않게 즐겁다. 날씨가 좀 쌀쌀하게 느껴지는데 아무도 집에 돌아갈 생각이 없어 보인다.

사실 최근까지 핼러윈에 별 관심이 없었다. 우리나라 이태원에서 안타까운 일이 있기도 했던 터라 오히려 경계했다는 것이 더 맞을 것도 같다. 그러나 이곳에서 미국인들이 어떻게 핼러윈을 보내는지 알아보고 미국의 핼러윈 장면에 실제 들어가 보고 싶었다. 그런데 정말 평생 잊지 못할 시간을 보낸 것 같다. 예전 미국 박사과정 시절의 핼러윈은 학기 중 밀린 과제를 하는 시간이었다. 트릭 오어 트릿이 뭔지도 몰랐다. 다만, 아직 생생히 기억나는 한 장면은 있다. 핼러윈이라 학교에 가지 않고 집에서 과제를 하고 있었다. 그런데 누군가 현관문을 계속해서 똑똑 두드리는 것이었다. 혼자 살고 있었던 터라 우리 집을 방문할 사람은 전혀 없었다. 현관문 렌즈로 몰래 내다보니 작은 여자아이가 호박 모양의 작은 바구니를 들고 서 있었다. 뭔지 몰라 그냥 집에 아무도 없는 척했다. 지금 생각해 보니 사탕을 얻으러 온 것이 아닌가 싶다. 당연히 난 사탕 같은 걸 준비해 놓지도 않았었다. 지금이라면 사탕이 없었더라도 반갑게 인사라도 해 줬을 텐데 하는 아쉬움이 남는다. 추운 날씨에 벌벌 떨면서 문을 두드리고 서 있던 그 아이의 얼굴이 자꾸 떠오른다.

이번 경험을 통해 미국의 핼러윈은 이런 것이구나 하고 느낄 수 있었다. 어떤 장소를 진정으로 여행하는 것은 그곳 사람들과 함께 이런 문화를 느껴보는 것이리라. 그곳의 분위기를 몸에 새기는 것이리라. 현지의 문화를 편견 없이 받아들이고 느끼는 열린 여행자이고 싶다. 삶에 대한 태도도 그랬으면 좋겠다.

핼러윈 날 마을의 모습
핼러윈에는 해적, 유령, 마녀 등 으스스한 것들로 집을 장식한다. 조명, 음악 소리, 연기 등이 어우러져 음산한 느낌을 만들어 낸다.

Trick or Treat!

현관 앞에 사탕 바구니를 두고 알아서 집어 가게 해 놓은 집이 있고, 분장하고 집 앞에 앉아
직접 사탕을 나누어 주는 집도 있다. 집마다 사탕을 나누어 주는 방식이 다르고 이를 보는
재미가 쏠쏠하다. 어른이나 아이나 모두 "해피 핼러윈!"을 외치며 즐겁게 지낸다.

낭만이 살아 있는
크리스마스

핼러윈이 생소한 사람은 있을 수 있으나 크리스마스를 모르는 사람은 없을 것 같다. 핼러윈을 한 번 경험해 봤으니 미국의 크리스마스는 어떨지 궁금했다. 핼러윈이 지나고 얼마 지나지 않아 곧 크리스마스 시즌이 다가온다. 사실 핼러윈에서 추수감사절을 거쳐 크리스마스까지, 미국의 연말은 지속해서 축제의 느낌이 이어진다. 핼러윈보다 좀 더 유명 인사인 미국의 크리스마스는 과연 어떤 모습일까?

핼러윈이 다가오면서 핼러윈 장식을 하는 집들이 하나둘씩 눈에 띄었던 것처럼, 크리스마스가 가까워짐에 따라 크리스마스 장식을 하는 집들도 하나둘씩 늘어나기 시작한다. 핼러윈 장식으로 유명한 동네가 있었던 것처럼 크리스마스 장식으로 이름난 동네 정보도 입수했다. 집에서 그리 멀지 않은 곳에 있는 크리스마스 장식 유명 동네, 디어필드(Deerfield)에 찾아가 보았다. 그리고 그곳에서 플레이노 최대의 도시 차량 정체를 보았다. 동네 전체가 거대한 주차장이라고 할 수 있을 정도로 너무나 많은 사람이 이곳을 찾고 있었다. 핼러윈보다 더 많은 인파였다. 걸어 다니며 사진을 찍는 사람, 차를 타고 창문 밖으로 내다보거나 선루프 위쪽으로 상반신을 내밀고 달리는 사람, 마차를 타고 활보하는 사람, 큰 트럭 뒤에 수레 같은 걸 매달고 함께 움직이는 사람 등 각양각색의 구경꾼들을 볼 수 있다.

크리스마스 장식이 너무 화려하고 아름다웠다. 집 꾸미기 경연대회라도 하는 줄 알았다. 크리스마스 집 장식에 진심이다. 무료로 이런 구경을 할 수 있어서 좋았다. 그러나 이런 생각도 들었다. 무엇 때문에 이렇게까지 하는 거지? 1등 한다고 누가 상을 주는 것도 아니고, 인파들이 몰려들어 일상생활에 지장을 줄 것 같은데, 자기 돈을 들여 이렇게 장식을 한다고? 그래서 검색을 해 봤다. 도대체 왜 이러는지. 크리스마스트리에 올리는 장식에 추억과 역사를 담는다는 이야기도 있고, 사람들이 자신들의 장식을 보고 좋아하는 모습이 기쁘기 때문이라는 이야기도 있었다. 정답은 없지만 각자 다양한 이유로 크리스마스를 진정으로 즐기고 있다는 것만은 사실처럼 느껴졌다. 마음을 다해 축하하고 즐기는 무엇이 있다는 건 좋은 일임에 틀림이 없다.

우리도 조촐하게 크리스마스를 축하하기 위해 장을 보러 마트에 갔다. 그런데 크리스마스를 맞아 장을 보는 사람들로 마트가 북새통이다. 발 디딜 틈이 없다. 보통 마트 입구에 카트를 겹겹이 주차해 둔 카트 보관소가 있다. 미국 마트가 워낙 대형이라 보통 카트가 엄청나게 많이 줄지어 있다. 그런데 크리스마스 장식 마을 디어필드의 도로 주차장만큼이나 놀라운 광경을 여기서도 볼 수 있었다. 카트가 한 대도 남아 있지 않은 것이었다! 너무 많은 사람이 카트를 가지고 가다 보니 남은 카트가 없는 것이었다. 처음 보는 광경에 입을 다물 수 없었다. 크리스마스의 위력이 이렇게나 대단했다.

아이들은 크리스마스에 무엇보다 산타클로스의 선물을 기다린다. 크리스마스이브에 우리 아이에게 진지한 표정으로 이야기했다. 산타클로스 할아버지가 선물을 주러 다니시는데, 그 집에 아이가 자지 않고 있으면 그냥 가버리신다고. 보통 아이들은 밤에 잠자기를 싫어한다. 졸려서 눈이 반쯤 감기면서도 더 놀겠다고 떼를 쓰기 일쑤다. 우리 아이도 예외는 아니다. 그런데 이 이야기를 듣고서는 초저녁부터 빨리 자야 한다고 난리다. "자기에는 시간이 너무 이른데? 아직 산타 할아버지 오실 시간 아니야." 이렇게 말해도 빨리 자겠다고 난리다. 일찍 자러 들어가기 전 여러 집 돌아다닌다고 힘드실 산타클로스 할아버지를 위해 크리스마스트리 밑에 쿠키 몇 개와 우유 한 잔을 고이 두었다.

아직도 산타의 존재를 믿는 순수함이 귀엽다. 이 순수함이 오래도록 유지되면 좋겠다. 이 순수함을 지켜주기 위해 아이가 트리 밑에 둔 쿠키 모서리를 살짝 베어 먹고, 우유도 조금 마셔 컵에 자국을 남겨 두었다. 그리고 선물을 양말에 넣어 두었다. 다음 날 아침 베어 먹은 흔적이 있는 쿠키와 조금 남은 우유를 본 아이는 자기가 준비한 음식을 산타 할아버지께서 드셨다면서 너무 좋아했다. 참으로 낭만적이다.

낭만 이야기하니까 〈낭만 닥터 김사부〉라는 드라마가 생각난다. 금전적 이익보다는 인간을 위한 의술을 펼치는 의사 김사부는 자신의 행동을

크리스마스 장식과 구경꾼들
다양한 장식으로 경쟁하듯 크리스마스 장식을 해 놓은 집들이 장관이다. 그리고 다양한 방식으로 구경하는 사람들의 모습도 장관이다.

낭만적이라고 표현한다. 우리 사회에도 이런 낭만이 있는 곳들이 많아지면 좋겠다. 무엇보다 사람을 우선시하는 낭만이 중요하지 않을까? 그리고 아이들의 동심이 오래 지켜질 수 있으면 좋겠다. 지나친 경쟁 사회에서 아이들이 예전보다 빨리 동심을 잃고 있는 것은 아닌지 모르겠다. 내년 크리스마스에도 우리 아이가 산타클로스 할아버지를 기다리고 있으면 좋겠다.

산타 할아버지를 위한 쿠키와 우유
선물 주러 다니신다고 힘든 산타 할아버지를 위해 준비한 쿠키와 우유, 그리고 그 위에 선물을 담을 커다란 양말이 걸려 있다. 산타를 믿는 순수함이 귀엽다.

가성비 좋은
통유리 냄비

자꾸 살이 찐다. 물만 먹어도 살이 찐다는 이야기는 진정 거짓말이라고 그렇게 외치고 다녔는데 이상하게 요즘은 그 말이 사실처럼 느껴진다. 머지않은 미래에 물을 마시면 몸에서 특별한 반응이 일어나 살이 찌는 메커니즘을 밝힌 과학자가 노벨상을 받을 것만 같다.

대학원 시절 미국에서 살 때 인생 최대의 몸무게를 찍었던 적이 있다. 미국은 살찌기에 아주 좋은 환경을 제공한다. '단짠' 음식 천지다. 어떻게 이리도 단것을 먹을까 하는 생각이 들 정도로 엄청나게 달콤한 것들이 널려 있다. 얼마나 설탕을 많이 넣으면 이렇게 달아질까(?) 하는 의문이 든다. 짠 것도 아주 많은데 마트에서 산 짠 과자를 처음 먹었을 때 혹시 반찬을 산 것이 아닐까 하고 깜짝 놀랐다. 하지만 이런 짠맛에도 점점 익숙해져 나중에는 반찬이라는 생각은 전혀 들지 않고 과자 본연의 목적에 맞게 간식으로 그 짠 과자를 미국인처럼 먹고 있는 나를 발견하게 된다. 이런 적응 과정을 거치면서 체중계에 올라갈 때마다 마치 올림픽 선수가 기록을 경신하듯, 체중계의 수치는 점점 예전에 본 적이 없는 미지의 세계로 날아올랐다.

위기의식을 느껴 운동을 시작하기로 마음먹었다. 예전에 몸무게 신기록을 달성했을 당시, 2년 정도 수영을 해 10kg 이상 감량한 적이 있어 이번 연구년에도 수영을 한번 해 보기로 했다. 이곳에서 오래 살았던 선배에게 물어보니 시에서 운영하는 스포츠 센터를 소개해 주었다. 탐 뮬렌백 레크리에이션 센터(Tom Muehlenbeck Recreation Center)! 매일 아침이면 '오늘은 가야 한다, 오늘은 가야 한다, 오늘은 반드시 가야 한다.' 이렇게 나에게 주문을 걸고 마음의 준비를 했다. 그러다 실패하면 '내일은 가야지! 내일은 가야지! 내일은 꼭 가야지! 나 이렇게 의지가 약한 사람 아니잖아, 이 정도면 이제 갈 때가 되지 않았어?' 이렇게 다시 주문을 외웠다. 그러나 항상 가까이 다가오지만, 결코 만날 수 없는 것이 내일이라고 했던가? 내일은 쉽사리 오늘이 되지 않았다.

이러다 안 되겠다 싶어 어느 날은 진짜 가기로 했다. 차에 올라타고, 내비게이션에 음성으로 "탐 뮬렌백 레크리에이션 센터"라고 외쳤다. 잘 인식될 수 있도록 큰 소리로, 그리고 최대한 혀를 굴려서 '미쿡' 사람처럼. 이름이 좀 어렵긴 하다. 내비게이션이 잘 알아듣지 못한다. 계속 시도해 보는데도 안 된다. 스마트폰에 있는 구글을 쓰고 있는데, 자꾸 "통유리 냄비"라고 메아리친다. 그러고선 이런 곳을 찾을 수 없다고 한다. 쉬운 게 없다. 열 번 정도 시도해 본 뒤 성공할 수 없는 과제라는 현실을 받아들인다. 그냥 손으로 타이핑을 하고 통유리 냄비 센터에 도착했다.

리셉션 창구에 문의하니 이것저것 설명을 해 준다. 하루만 입장하는 비용이 얼마이고, 일 년 회원권을 끊으면 얼마이며, 플레이노 시민이면 더욱 할인된 가격으로 일 년 회원권을 끊을 수 있다고 안내해 준다. 나는 우선 이곳을 한번 둘러보고 싶다고 이야기했다. 직원은 "Sure"라는 말과 함께 흔쾌히 시설을 볼 수 있게 해 주었고, 궁금한 점이 있으면 더 물어보라고 친절하게 알려준다. 직원의 친절함과 별다른 어려움 없이 영어로 의사소통했다는 사실에 기분이 좋아졌다. 기쁜 마음을 안고 통유리 냄비 전체를 쭉 둘러보았다. 참 시설이 좋은 냄비라는 생각이 들었다. 넓은 수영장이 인상적이었고, 사람이 많지 않다는 점도 좋았다. 다양한 운동기구가 있는 헬스장도 있고, 배드민턴 같은 운동을 할 수 있는 코트도 있었다. 이곳에서 열심히 운동해서 몸짱이 되어보자는 결심을 굳히고 일 년 회원권을 끊었다.

친절했던 그 리셉션의 직원이 통유리 냄비의 사용 방법 및 프로그램을 설명해 놓은 안내문을 주었다. 회원권을 만들기 위해 사진을 찍고 플라스틱으로 된 출입 카드도 받았다. 집으로 돌아온 후, 안내문을 찬찬히 읽어보았다. 그런데 놀라운 사실 하나를 발견했다. 이곳 회원권으로 통유리 냄비만을 활용할 수 있는 것이 아니라 플레이노에 있는 다른 모든 센터를 자유롭게 이용할 수 있다! 플레이노에는 통유리 냄비와 같은 레크리에이션 센터가 여러 곳에 있고 각각 특화된 점이 있다. 예를 들어, 아기와 같이 수영을 하고 싶을 때는 아기 친화적인 수영장 시설이 있는 카펜터 센터로 가야 한다. 그런데 이 회원권이 있으면 카펜터 센터에도 무료로 들어갈 수 있다! 여러 군데의 레크리에이션 센터를 모두 쓸 수 있는 환상적인 조건이다.

미국에는 이러한 방식으로 복지 혜택을 주는 멤버십들이 많은 것 같다. 미국에는 아이들이 좋아하는 박물관이 많다. 놀면서 배우는 것이다. 그런데 ASTC(Association of Science and Technology Centers) Passport Program을 통해 하나의 박물관에서 일 년 멤버십을 구매하면 미국 전역에 걸쳐 있는 아주 많은 박물관을 자유롭게 이용할 수 있다. 나도 이 멤버십을 통해 댈러스 권역의 여러 박물관을 자주 방문했다. 휴스턴에 있는 NASA 스페이스 센터도 이 패스로 무료 입장했다. 한편, 광활한 미국 전역에 엄청난 국립공원들이 산재해 있다. 미국 전역의 국립공원도 패스 하나면 모두 입장할 수 있다. 요세미티 공원, 그랜드 캐니언 공원 등 세계적으로 유명한 국립공원들을 하나의 패스로 통과할 수 있는 것이다. 플레이노에 살면서 좋았던 것 중의 하나가 도서관이 많다는 점이다. 그리 크지 않은 도시인데 도서관이 여러 군데 있다. 그런데 한 곳에서 도서관 회원권을 만들면(이건 무료다), 이 도시의 모든 도서관을 자유롭게 활용할 수 있다. 여러 도서관에서 책을 빌리고, 공부도 할 수 있다. 좋은 시스템이다.

오늘도 통유리 냄비 수영장에 다녀왔다. 쾌적한 수영장에서 운동하고 조금은 살이 빠진 듯한 기분이 들어서 좋다. 운동으로 아드레날린이 분비되어 에너지가 생기고 하루를 더욱 즐겁게 보낼 활기를 얻는다. 운동한 후 도서관에 가서 공부도 좀 했다. 그런데 이런 기쁨을 주는 통유리 냄비 센터의 멤버십 비용은 그리 비싸지 않다. 이렇게 가성비 좋은 아이템

탐 뮬렌백 레크리에이션 센터
가성비 좋은 통유리 냄비다. 비싸지 않은 가격에 각종 시설을 마음껏 활용할 수 있어 삶을
풍요롭게 해 준다.

이 있다는 것이 믿기지 않을 정도이다. 완전 '득템'이다! 시민들이 이런 삶

을 살 수 있도록 지원하는 것이 도시 정책에서 진정 관심을 가져야 할 부

분이라는 생각이 든다.

UT Dallas(UTD)가 아니라
UT Delhi(UTD)?

전 세계 인구 1위 국가는?

너무 쉬운 거 아니야? 당연히 중국!

땡! 정답은 인도!

아주 오랜 시간 동안 중국은 세계 1위 인구 대국이었다. 그런데 최근 1위 국가가 인도로 바뀌었다. 거대한 역사적 변화의 순간이다. 인구 문제로 골머리를 앓던 중국은 1자녀 정책을 실시했고, 이제는 아이를 많이 낳지 않는 나라로 바뀌었다. 인구 2위 국가였던 인도는 인구 1위 국가가 되었다.

내가 연구년으로 방문하고 있는 학교는 University of Texas at Dallas(UT Dallas)이다. 이 대학은 댈러스 근교에 있는 리처드슨(Richardson)이라는 작은 도시에 자리해 있다. 우리 집은 이 도시와 붙어 있는 플레이노라는 곳에 있다. 모두 댈러스라는 큰 도시에 인접한 도시들로 댈러스가 교외화되면서 시가지가 확장되어 나가는 상황과 관련하여 이해할 수 있는 도시들이다. 댈러스를 기반으로 경제 활동을 하는 사람들이 점점 더 교외로 나가 주거지를 마련함으로써 댈러스 도시권은 확장되고 있다.

　미국 아파트로 이사한 후 알게 되었다. 옆집에도 인도 가족, 앞집에도 인도 가족, 윗집에도 인도 가족이 산다. 아파트 단지를 산책하다 보면 여기가 인도인지, 미국인지 분간이 안 된다. 마주치는 대부분 사람이 인도인이라 이곳을 인도라고 생각하는 것이 더 합리적인 추측이다. 여름이 무덥고 긴 텍사스에는 아파트 단지마다 수영장이 있다. 우리 아파트는 수영장 시설이 좋은 편이라 입주민들이 단지 내 수영장을 자주 활용하는데, 항상 인도 아이들이 장사진을 이루고 있다. 압권은 하교 시간이다. 우리 아파트 바로 앞에 초등학교가 있는데 하교 시간이 되면 인도 학생들이 쓰나미처럼 쏟아져 나온다. 다른 국적이나 인종은 숨은그림찾기를 해야 할 정도로 느껴진다.

　한국에서 왔다고 UT Dallas의 대학원생들과 함께 식사한 적이 있다. 학교 현황과 이곳 상황에 대해 이것저것 이야기하면서 즐거운 시간을 가졌다. 외국에서 만나는 한국인은 항상 너무 반갑다. 그런데 여러 이야기 중 가장 인상적이었던 것이 학생들이 이곳 학교를 UT Dallas가 아니라 UT Delhi라고 부른다는 사실이었다. 인도인이 워낙 많아 댈러스보다는 델리라고 보는 게 더 어울린단다. 학교 이름을 줄여서 UTD라고 부르는데, UT Dallas나 UT Delhi나 줄이면 어차피 다 UTD다. 이름 참 잘 지었다 싶다.

인도인의 세계 진출이 눈에 띄게 늘고 있다. 갑자기 궁금한 마음이 들어 내가 박사학위를 받았던 학과의 홈페이지를 한 번 찾아보았다. 예전에 내가 공부할 때는 대학원생 중 중국인이 큰 비중을 차지하고 있었다. 그런데 지금은 그때 중국 학생들의 자리를 인도인이 대체하고 있었다. 미국 사회에서 인도인은 주요한 위치를 다수 차지하고 있는데, 대기업의 인도인 CEO가 늘고 있다. 구글의 지주회사 알파벳의 순다르 피차이, 마이크로소프트의 사티아 나델라, 어도비의 샨타누 나라옌 등 굴지의 기업을 이끄는 인도계의 파워는 무섭다. 순다르 피차이가 인공지능 Google Duplex를 시연하는 영상은 매우 인상적이었으며, 어려워져 가던 마이크로소프트가 다시 세계적인 경쟁력을 가질 수 있도록 혁신을 주도한 사람이 사티아 나델라였다. 어도비는 이미지 처리가 중요해지는 최신의 디지털 환경에서 그 경쟁력을 인정받고 있다.

이런 상황에서 인도의 교육에 관한 관심이 커지고 있다. 우리 학생들이 구구단을 외우는데, 19단을 외운다는 인도 학생들은 수학에 강하고 이를 기반으로 한 공학 등에 강점이 있는 것으로 알려져 있다. 게다가 영어를 모국어처럼 하는 경우가 많아 언어 장벽 또한 없어 경쟁력이 높다. 교육열이 높은 인도에서, 특히 최고의 공과대학 IIT(Indian Institute of Technology)에 입학하기 위한 경쟁은 격렬하다. 소수의 천재만이 IIT에 입학할 수 있으며, IIT에 떨어지면 MIT에 간다는 말이 있을 정도라고 한다. 미국 실리콘밸리 굴지의 기업들이 IIT 출신의 인도 인재들을 원한다. 실리콘밸리 벤처기업이 성공할 확률은 그 회사 엔지니어 팀에 IIT 출신이 얼마나 있는지와 비례한다는 말이 있다고 한다. 인도의 영향력이 이렇게나 커지고 있다는 사실이 놀랍다. 미국에 있으면 실제로 느껴진다.

얼마 전 쇼핑몰에서 공룡 게임을 한 적이 있다. 총으로 공룡을 쏘는 시뮬레이션 게임이다. 게임 시작을 위해 2달러, 연속으로 하려면 한 게임 추가에 1달러가 필요하다. 그런데 게임기 근처에 있는 지폐 교환기가 고장나 게임에 써야 할 1달러짜리를 구하기가 어렵다. 몇 달째 계속 고장 난 상태다. 1달러를 미리 왕창 바꾸어 오거나 아니면 카드를 써서 게임을 해야 한다. 그런데 카드 사용법이 그렇게 직관적이지 않아 몇 번 실패해 봐야 사용법을 터득할 수 있다. 나는 몇 번의 실패 후, 아주 능숙하게 카드를 사용해 게임을 한다. 아들이 그 게임을 너무 좋아해서 가끔 함께 게임을 즐기러 간다.

그날은 우리 뒤에 인도인처럼 보이는 내 나이 또래의 남성과 딸이 한참을 기다리고 서 있었다. 우리가 게임을 마치자 예상했던 대로 그 게임을 하려고 했다. 그런데 카드를 어떻게 사용하는지 몰라 아이 아빠가 난감한 표정을 지으며 이것저것 계속 만지작거리고 있었다. 옆에 앉아 있는 딸 아이는 거의 울기 직전이었다. 평소 내성적이고 부끄럼이 많은 나였지만 어쩐 일인지 그때는 도움을 주고 싶은 마음이 들어 카드 사용법을 알려주는 오지랖을 부렸다. 갑자기 이런 생각이 든다. 혹시 그 인도인도 IIT 출신으로 굴지의 기업에 다니는 엄청난 엔지니어는 아니었을까? 자기 분야에서는 천재적이지만 일상의 소소한 것들을 잘하지 못하는 그런 천재 부류가 있지 않은가? 물론 나처럼 천재도 아니고 일상생활 지능마저 부

아파트 앞 초등학교 하교 장면
수업 마치고 집으로 돌아오는 아이들의 모습에서 인도인이 얼마나 많은지 알 수 있다. 특정한 순간이 아니라 이런 장면이 이어진다.

인도 아이들 속 한국 아이 한 명
무더운 텍사스에는 아파트 단지마다 수영장이 있다. 아파트 수영장에서 우리 빼고 모두 인도인이다!

족한 기계치였을 수도 있다.

　미국에 살고 있지만 가끔은 인도에 여행 와 있는 듯한 기분이 든다. 인도의 인구는 계속 늘고 있으며, 교육열도 매우 높아 전 세계에서 인도의 영향력은 점점 더 커질 것으로 보인다. 우수한 인도의 인재들이 쏟아져 나온다. 인도에 대해 좀 더 공부해야겠다는 생각이 든다. 인도인 친구도 좀 사귀어야겠다. 변화하는 정세와 새로운 지식이 창출되는 원천을 잘 알아야 한다. 매일 오후 우리 집 앞 초등학교에서 아파트로 걸어오던 인도 아이 중 누군가가 20년 후 세계적으로 유명한 기업을 이끄는 핵심 인물이 될지 누가 알겠는가? 제2의 순다르 피차이, 사티아 나델라, 샨타누 나라옌이 될 수도 있지 않을까?

스컹크 방귀 냄새
맡아 봤어?

    외국에 있으면 한국 사람은 모두 가족처럼 느껴진다. 어딜 가도 한국 사람이 있는지 두리번거리게 되고, 한국말이 들리면 두 눈이 번쩍 뜨인다. 부끄러움이 많은 아들 지한이도 미국에서는 아시아 사람처럼 보이기만 하면 적극적으로 다가가 "한국 사람이에요?"라고 물어본다. 이렇게 해서 한국 사람 몇 명을 친구로 사귀기도 했다.

    이런 친구 중 자주 만나는 '지아'라는 친구가 있다. 지아는 엄마가 한국인이고, 아빠는 미국 사람이다. 미국 생활 초창기 적응에 힘들어하던 시기에 지아를 만났고, 지한이는 지아를 만나면 엄청 반가워했다. 지아 엄마에게 참았던 한국말을 한참 동안 쏟아내곤 했다. 가족들끼리도 친해져 주말에도 자주 만나 함께 시간을 보내곤 했다.

    지아네는 개 세 마리를 기르고 있다. 한 마리는 분양받아서 기르는 녀석이고, 다른 두 마리는 입양했다고 한다. 그런데 입양한 두 마리가 태생이 사냥개라 아주 사납다. 그 두 녀석 때문에 집으로 손님을 초대하기도 어려울 지경이란다. 누구든지 사냥감이 될 수 있기 때문이다. 매우 보기

싫거나 마음에 들지 않는 사람이 생기면 집에 초대할 생각을 가진 듯했다. 다행히 지아네와 아직까지는 사이가 좋다. 영문도 모른 채 사냥감이 되는 상황이 발생하지 않은 것이 그 증거다. 우리 가족도 한번 초대하고 싶은데 그러지 못하니 이해해 달라고 했다.

그런데 어느 날, 예기치 않은 사건이 발생했다. 습성은 거칠어도 주인에게 잘 보이고 싶은 마음이 있었던지 사냥개 두 녀석이 진짜 사냥을 해 온 것이다. 자신들이 가장 잘하는 걸 해서 그 전리품을 주인에게 선물한 것이었다. 하지만 선물을 받은 주인은 심히 당황하지 않을 수 없었다. 선물이 무엇이었기에 그랬을까? 스컹크 두 마리였다. 그것도 피를 철철 흘리며 장렬하게 전사한 스컹크였다. 사냥으로 털이 갈기갈기 다 벗겨진 처참한 모습의 스컹크였다. 이 상황을 어떻게든 정리해야 한다! 지아 엄마는 일단 흥분한 사냥개들을 진정시키고, 잡아 온 스컹크를 나름대로 잽싸게 처리했다. 그런데 스컹크라 그런지 냄새가 장난이 아니다. 스컹크는 위험에 처한 자신을 보호하기 위해 냄새나는 액체를 방귀로 분출하는데, 절체절명의 순간에 방출한 것이니 그 냄새는 가히 짐작하고도 남음이 있다.

우리는 스컹크 방귀 냄새가 지독하다는 사실을 전설처럼 알고 있다. 그런데 그 냄새가 실제 어떤지 아는 사람은 별로 없을 것 같다. 냄새를 직접 맡아 본 사람도 거의 없지 않을까 싶다. 스컹크 대부분이 아메리카에 서식하고 있어 한국에서는 스컹크를 만나기 어렵다. 그래서 막연히 독한 방귀 냄새이겠거니 하고 상상만 한다. 가장 소화 안 될 때의 응가를 방불케 하는 그런 방귀 냄새 정도로 상상하고 있었을 거다. 이제 여기서 비밀을 공개한다. 스컹크 방귀 냄새는 썩은 달걀이나 음식물, 구토물, 지독한 마늘, 타이어 냄새를 섞은 그 어디쯤 있다. 모험 정신이 강하다면 이런 것들을 구해 정성스럽게 섞은 후, 경건한 마음으로 냄새를 맡아 보면 된다.

보통 동물들은 적으로부터 자신을 보호하기 위해 눈에 띄지 않으려 노력한다. 보호색 같은 걸 쓰기도 한다. 그런데 검은색 바탕에 흰색 줄무늬를 가진 스컹크는 두드러진 흑백 대비를 바탕으로 자신을 드러내는 데 힘쓴다고 한다. 그래야 스컹크 냄새를 알고 있는 적들이 자신을 건드리지 않기 때문이다. '앗, 저기 냄새나는 녀석이 있네, 빨리 피해야지!' 하는 생각을 할 수 있도록 하는 것이다. 스컹크 방귀는 다른 동물에게 위협적인데, 방귀 공격을 받은 동물은 일시적으로 눈이 어두워지기도 하고 냄새에 정신이 혼미해져 도망가기도 한다.

이쯤에서 가장 극단적인 스컹크 방귀의 공격을 받은 지아 엄마의 안위가 걱정스럽지 않은가? 고약한 냄새가 온몸에 진동한다. 할 수 있는 건 열심히 씻는 것밖에 없다. 비누, 샴푸, 섬유 유연제 등 향기 나고 거품 나는 모든 걸 동원해서 계속 씻어 본다. 하지만 냄새가 쉽사리 없어지지 않는다. 스컹크가 내뿜는 방귀는 그냥 가스가 아니라 기름기 있는 액체 같은 느낌이다. 진피가 벗겨질 정도로 열심히 씻어도 깊이 침투한 스컹크 방귀 냄새의 위력은 대단했다. 최선을 다하고 현실을 받아들이는 수밖에 없었다.

그렇게 그날을 보내고 다음 날 출근을 했다. 출근하는 과정에서 손이 닿은 모든 곳(예를 들어, 자동차 운전대)에 스컹크의 존재감이 아로새겨진다. 직장에서 일하는데 사람들이 수군거린다.

"어디서 이상한 냄새 나지 않아? 무슨 냄새지?"

뜨끔한 지아 엄마는 사실을 실토했다. 이야기를 들은 직장 동료들은 상황을 이해하고 참아보려고 노력했다. 하지만 참는 데도 한계가 있다. 결국, 더는 견디기 어려우니 일찍 퇴근하라는 지시가 내려왔다. 당황스럽다. 스컹크가 선물해 준 예기치 않은 휴가인가? 하지만 실상은 직장에서 추방이다. 내일도 이 상태로 직장에 갈 수는 없기에 지아 엄마는 스컹크 냄새를 지우기 위한 전문 약제를 찾아 나섰다. 그리고 스컹크 방귀 냄새 박멸을 위해 전문적으로 만들어진 약품을 사용하고 나서야 어느 정도 냄새를 없앨 수 있었다. 스컹크 방귀 냄새는 그냥 비누로 씻는다고 없어지는 그런 나약한 것이 아니다.

이제 우리 가족도 스컹크 방귀 냄새에 대해 알게 되었다. 미국에서 차를 몰고 가다 보면 갑자기 이상한 냄새가 날 때가 있다. 뭔가 썩은 냄새 같기도 하고, 타이어가 타는 냄새 같기도 한 그런 냄새다. 생각해 보면 그게 바로 스컹크 방귀 냄새였던 것 같다. 스컹크 방귀 냄새는 스컹크가 자리를 떠나도 며칠씩 그곳에 남아 있다고 한다. 그런 곳을 차로 지날 때, 그 강력한 냄새가 들어오는 것이다. 그런 냄새가 날 때, 서로를 의심했던 시간을 되돌아본다. 함부로 남을 의심하면 안 된다는 교훈을 얻는다.

엊그제도 긴 시간, 차를 타고 여행을 다녀왔다. 그 와중에 이상한 냄새

방귀쟁이 스컹크
적을 만나면 우선 자신의 존재감을 드러낸다. 알아서 도망가라는 거다. 그래도 적이 물러서
지 않으면 최후의 무기, 방귀를 방출한다.

가 났던 적이 두어 번 있었다. 이제 냄새가 나면 아이가 물어본다.

"이거 스컹크 방귀 냄새야? 혹시 아빠가 방귀 뀐 건 아니지?"

이제 진짜 방귀를 뀌어도 스컹크에게 떠넘기면 되겠다 싶다. 미국에
있으니 생전 처음 스컹크 관련 경험을 하게 된다. 나중에는 스컹크 방귀
냄새도 가끔 그리울 것 같다.

라마단은
육아를 힘들게 해

"마흐무드 엄마, 오늘 학교 마치고 애들 놀이터에서 같이 놀게 하면 어때요?"

"음…, 제가 좀 피곤하고 기운이 없어서 안 될 것 같아요."

"아, 그러시군요. 그럼 무리하지 말고 쉬세요."

평소 활발한 마흐무드 엄마가 기운이 없어 보인다. 왜 그럴까? 어디 아픈 건 아닌지 걱정이다. 그러다 지금이 라마다 기간이라는 사실을 깨닫는다. 라마단은 이슬람력 아홉 번째 달로 무슬림에게 중요한 종교적 기간인데, 이 시기에는 새벽부터 해가 질 무렵까지 금식한다. 온종일 굶고 있으니 기운이 없을 만도 하다.

마흐무드 엄마는 남수단에서 온 여성으로 무슬림이다. 마흐무드 아빠는 이집트에서 왔는데 역시 무슬림이다. 이 무슬림 부부는 라마단을 경건하게 보내고 있다. 내전으로 어려움이 있을 것 같은 남수단, 피라미드가 가장 먼저 떠오르는 이집트 출신이라는 점이 신기하게 느껴지는 부부이다. 두 분이 어떻게 만났을지 무척이나 궁금하다. 상당히 연결이 쉽지 않아 보이는데 말이다.

마흐무드 엄마와 같은 남수단 출신 사람을 만나리라고는 상상도 하지 못했다. 미국에서는 생각지 못한 일들을, 많이 경험하게 된다. 어려운 남수단 사정과는 다르게 마흐무드 가족은 이곳에서 엄청나게 비싼 아파트에 살고 있다. 그 나라에서 힘 좀 쓰는 집안이 아닐까 하는 생각도 든다. 아니면 오래전에 미국으로 건너온 이민자로 이곳에서 자수성가하여 부자가 되었을 수도 있다. 하지만 어떤 연유로 이곳에 왔든 지금은 그저 가깝게 지내는 이웃일 뿐이다. 아이들 나이가 비슷해 같이 놀 수 있다면 그걸로 "오케이"다.

마흐무드 엄마가 피곤하고 기운이 없는 것은 단지 굶고 있기 때문만은 아니다. 라마단 기간에는 하루 다섯 끼를 준비한단다. 라마단 기간이라고 아이들이 학교에 가지 않는 건 아니므로 일단 애들이 집에서 먹을 밥과 도시락을 준비해야 한다. 이 부부에게는 마흐무드와 그의 형, 이렇게 두 명의 아들이 있다. 그래서 두 아들을 위해 학교 도시락을 포함하여 세 끼를 준비한다. 그리고 해가 지고 나면 부부가 두 끼를 먹는데 그걸로 두 번의 식사 준비가 추가된다.

난 한 끼만 굶어도 너무 허기가 지고 기운이 하나도 없는데, 온종일 굶으면 어떨지 상상이 되지 않는다. 내가 라마단 금식을 하게 된다면 해가 지고 먹을 수 있을 때 이성을 잃고 정신없이 먹을 게 분명하다. '사람이 아니므니다.'라고 할 모양새로 먹을 것 같다. 그런데 무슬림들도 사람인지라 라마단 기간에 위장병, 소화불량 등이 많이 생긴다고 한다. 낮에 굶으면서 경기에 임하는 각종 스포츠 선수들의 경기력이 떨어지기도 한다. 참 보통 일이 아니다.

라마단 기간에는 해가 있을 때 금식하는데, 그러면 온종일 해가 지지 않는 백야 현상이 나타나는 고위도 지역에서는 어떻게 라마단을 보낼까? 해가 져야 비로소 한술 뜰 수 있는데, 계속 해가 지지 않으니 한 달 동안 금식하고 있어야 하나? 상식적으로 불가능한 일이다. 그래서 이런 지역에서는 사우디아라비아 메카의 시간에 맞추어 금식한다고 한다. 어떻게든 살길을 찾으면서 종교적 의무를 다하는 것이다.

오랜 시간 라마단을 경험한 무슬림들은 고난으로 느껴질 수도 있는 라마단을 슬기롭게 보내는 나름의 노하우가 있을 듯하다. 제일 궁금한 것 중의 하나가 해가 지고 난 후, 무엇으로 먹기 시작할까이다. 온종일 굶고 있다, 처음 입에 넣는 건 뭘까? 좋아하는 음식 리스트를 만들어 두고 매일 다르게 진수성찬을 차려 먹을까? 아니면 가장 빨리 요리할 수 있는 걸 해 먹을까? 그것도 아니면 위장을 보호하기 위해 부드러운 죽 같은 것으로 시작할까?

정답은 대추야자이다. 무슬림들은 낮 동안의 금식 후 저녁에 먹기 시작할 때 보통 대추야자로 급한 허기를 먼저 달랜다고 한다. 대추야자는 한국 사람에게는 다소 생소한 과일이다. 그래서 내가 아는 지리 선생님들은 건조지역 단원을 가르칠 때 대추야자를 직접 구매해 학생들이 먹어 볼 수 있도록 한다고 하셨다. 한국에서도 인터넷으로 대추야자를 살 수 있다.

실제 대추야자 드셔 보셨는지? 아주 달콤하다. 사과, 바나나, 포도보다 훨씬 당분이 많고 당도가 높다고 한다. 대추야자는 보통 말려서 먹는데, 건조하는 과정에서 수분이 줄어들어 당도가 확 올라간다. 그래서 온종일 굶어 당이 부족한 라마단 기간의 무슬림에게 대추야자는 최적의 신속 당 보충제가 된다. 더 많은 음식을 먹기 전에 애피타이저처럼 대추야자로 속을 달래는 것이다. 이슬람교의 예언자인 무함마드가 대추야자로 금식을 깨곤 했다는 기록도 있다.

라마단 기간에 맞추어 미국의 대형 마트에서 대추야자를 대대적으로 판매한다. 당시 진열대에 있는 대추야자를 보고, '와, 미국 마트에서는 이런 것도 파는구나.' 하는 정도로 생각했었는데 그것이 라마단 기간에 맞추어 기획된 것이었다니! 뒤늦게 이 사실을 알고 살펴보니 그 시기가 지나고서는 대추야자가 슬며시 구석으로 사라졌다. 역시 효과적인 경영을 위해서는 문화를 알아야 한다. 이슬람 문화권의 영향력이 커지면서 우리나라에서도 할랄 음식을 출시하거나 백화점에 기도소를 설치하는 등의 전략을 도입하고 있다. 예전 네옴시티 관련하여 사우디아라비아 빈 살만 왕세자가 한국을 방문했을 때, 이슬람 문화를 고려한 준비로 떠들썩하지 않았던가?

여기서 새로 알게 된, 이슬람 지역과 자주 교류하는 직업을 가진 친구가 재미있는 이야기를 해 준다. 매년 라마단이 있고, 밤마다 대추야자를 즐겨 먹는 많은 무슬림들은 대추야자의 당도에 적응이 되었단다. 그런 무슬림들에게 대추야자의 당도는 달콤함의 기준선이 되었다. 그런데 대추야자의 당도가 상당히 높으니 무슬림들은 단것에 있어서는 그 기준이 상당히 높다. 웬만해서는 달다고 못 느끼는 것이다. 단 음식 즐겨 먹으면 걸릴 것만 같은 병은 무엇인가? 바로 당뇨병이다. 궁금해서 세계 당뇨병 유병률 순위를 찾아보니 놀랍게도 진짜 중동, 북아프리카의 국가들이 상위권에 자리 잡고 있다. 대추야자를 즐겨 먹을 법한 이슬람 문화권 지역이다. 사실 대추야자는 영양학적으로 좋은 식품이고, 당뇨병의 발병은 서구화된 식단, 운동 부족, 유전적 요인 등 다양한 요소가 복합적으로 영향을 미쳤다고 보아야 합리적이다. 하지만 달콤함의 기준이 높아져 버린 무슬림들이 자신의 혀를 만족하기 위해 좀 더 많이 단 음식을 찾게 되지는 않았을까? 대추야자보다 달지 않은 음식을 먹을 때에는 도파민이 분비되지 않게 뇌 구조가 바뀌어 버린 건 아닐까?

라마단은 나의 삶과 크게 관련이 없을 것 같았는데, 미국에서는 육아에 큰 영향을 미치는, 그래서 내 삶에 엄청난 영향을 미치는 사건이 되었다. 아이는 같이 놀 친구가 없으면 계속 부모에게 놀아달라고 한다. 그런데 보통 체력으로는 아이와 끊임없이 즐겁게 놀아주기가 어렵다. 그래서인지 항상 패셔너블한 히잡을 쓰고 마흐무드와 함께 우아하게 걸어 나오던 그 무슬림 여성이 오늘따라 유독 더 생각난다. 부디 건강하게 라마단 기간을 잘 보내고 동네 놀이터에서 볼 수 있기를 바란다. 대추야자라도 한 봉지 사 들고 기다려야겠다. 그러나 당뇨병을 조심해야 하니 대추야자 나눠 먹고 놀이터에서 같이 달리기도 해야겠다.

영화의
한 장면 속으로

진짜 영화 같다!

아름다운 풍경을 보면 우리가 하는 말이다. 일상에서 자유롭게 그런 풍경 속으로 여행할 수 있다면 정말 복 받은 게 아닐까? 한국에서 하루하루를 정신없이 바쁜 풍광 속에서만 지내다 새로운 환경에서, 마음만 먹으면 가까운 곳의 영화 장면 속에 자유롭게 나를 등장시킬 수 있다는 다소 비현실적인 사실이 이곳에서는 실제 일어난다. 이런 시간의 기억들로 힘든 일이 있을 때도 버텨 나갈 수 있다. 영화 몇 장면만 살짝 살펴보자.

장면 #1

나만의 천연잔디 축구장을 가지고 있는 사람이 얼마나 될까? 예전에는 천연잔디 구장에서 대표팀 축구 경기가 열리는 날이면 경기력 저하가 우려된다는 신문 기사가 나기도 했다. 보통 인조잔디 구장에서 연습하기에 환경이 달라져 플레이가 어려울 수 있기 때문이었다. 너무 옛날 일인

전용·천연잔디 구장
나만의 넓은 천연잔디 구장에서 여유롭게 축구를 할 수 있다. 이 넓은 곳에 우리 외에는 아무도 없다.

가? 아무튼, 그만큼 천연잔디 구장은 누구나 쉽게 쓸 수 있는 그런 공간은 아닐 것 같다. 그런데 나만의 천연잔디 구장이 있다면 믿어지는가? 여기서는 그런 꿈같은 일이 현실이 된다. 드넓은 천연잔디 공원이 곳곳에 있고, 축구 골대처럼 운동할 수 있는 시설까지 갖추어져 있다. 그런데 이런 곳이 보통 비어 있거나 아주 소수의 사람만 있는 경우가 많다. 그래서 나만의 천연잔디 구장이 된다. 언제, 어디서 이런 호사를 누릴 수 있을까? 자연이 준 잔디를 밟으며 뛰고, 미끄러지고, 때로는 크게 소리도 지르면 예전에는 느껴보지 못한 자유로움이 느껴진다. 축구 하다 힘들면 잔디밭에 누워 맑고 푸른 하늘을 한참 동안 바라본다.

장면 #2

이곳 학교들은 주변 환경이 참으로 아름다운 경우가 많다. 우리 아이가 다니는 허프만 초등학교에 처음 가 보았을 때 무엇보다 주변의 공원 같은 환경이 마음에 들었다. '초등학교가 어떻게 이런 배경 속에 있지?' 하는 생각이 들었다. 하루는 하교 후, 학교 바로 옆의 공원을 산책하는데 어린 소년이 작은 연못에서 낚시하는 모습이 보였다. 그곳에 물고기가 살고 있을 것이라고는, 그리고 낚시를 하는 사람이 있으리라고는 생각하지 못했다. 그림 같은 장면에서 낚시하고 있는 모습이 너무 아름다워 가까이 가 보았다. 소년 낚시꾼은 제법 능숙하게 연못에서 계속해서 고기를 낚아 올리고 있었다. 그 모습을 지켜보는 우리 가족을 보더니 잡은 고기를 만져볼 수 있게 건네주었다. 직접 물고기를 만져보는 살아 있는 체험 학습이었다. 이후에도 고기를 잡을 때마다 보여주었다. 한참이나 그곳에 앉아 낚시하는 장면을 지켜보았다. 평화스럽기 그지없다.

장면 #3

한국에서 매일 일기예보를 보는 습관이 있었다. 미세먼지 때문이다. 빨간색으로 미세먼지 경보가 자주 뜬다. 텍사스 생활에서 가장 좋은 것 중의 하나가 미세먼지가 없고, 눈이 부실 정도로 하늘이 맑고 푸르다는 점이다. 미세먼지는 이곳에서 관심 대상이 아니다. 전혀 문제가 되지 않

공원의 낚시 소년
학교 옆 공원에서 낚시하는 소년을 만났다. 대학 시절 자취방에 걸어 두었던 〈흐르는 강물
처럼〉 영화 포스터의 구현이다.

기 때문이다. 맑은 날 새파란 하늘은 언제 보아도 감탄하게 된다. 어쩜 그
렇게 청명한 색깔로 고고한 자태를 뽐내는지 정말 비현실적으로 느껴진
다. 높은 건물이 거의 없어 하늘이 아주 많이 보인다. 한국에서 언제 이런
하늘을 볼 수 있을까 싶다. 푸르른 풀밭, 커다란 나무, 시원하게 솟아오르
는 분수 등을 즐기면서 비현실적인 하늘을 누릴 수 있는 공원이 곳곳에
있다. 외부에서 걸어 다닐 수 없는 무더위가 지배하는 세상이 아닐 때 부

청명하고 푸르른 공원

플레이노 곳곳에 아름다운 공원이 많다. 눈이 시리게 맑은 날, 커다란 나무 그늘에서 선선
하게 부는 바람을 맞으며 반려견과 앉아 있는 여인의 모습이 그림 같다.

텍사스의 무더위를 식히는 공원
끓는 듯 무더운 공기 속에서 맞는 물줄기의 느낌은 사뭇 다르다.

지런히 공원을 걷는다.

장면 #4

　텍사스의 무더위는 상상을 초월한다. 최근 세계적으로 기후변화가 심

해져서인지 여름 날씨가 예전보다 훨씬 더워졌다고 다들 아우성이다. 기

후변화는 한국에도 영향을 미쳐 한국의 여름도 점점 더 더워지고 있다. 하지만 아직 최고 기온이 40도를 넘어가는 경우는 별로 없는 듯하다. 그러나 텍사스의 여름에서 40도는 일상이다. 미국은 화씨온도를 쓰는데 100도 아래로만 내려가면 좋겠다는 말을 입에 달고 산다(화씨 100도는 대략 섭씨 38도). 여름에 야외에 나가서 뭘 하는 건 아주 큰맘을 먹어야 가능한 일이다. 숨이 턱턱 막힌다. 그러나 아이들은 그런 날에도 밖에서 놀고 싶어 한다. 더위 먹지 않고 시간을 보낼 수 있는 곳을 찾아야 한다. 그러다 바닥에서 분수처럼 물이 솟아오르는 공원을 찾았다. 너무도 뜨거운 날씨의 한낮에 다른 공원에서는 개미 한 마리 찾아보기 어렵다. 개미도 시원한 지하 동굴 자기 집에 있을 거다. 그러나 이 공원은 예외다. 아이들이 너무 좋아한다. 그래서 사람들이 많다. 한국에도 비슷한 곳이 있지만, 텍사스의 뜨거운 날씨 한가운데에서 맞는 물의 느낌은 다르다. 반 끓는 물과 비슷한 온도의 공기 속으로 솟아오르는 차가운 물줄기의 느낌을 아시는가? 장소가 다르면 같은 것도 다르게 다가온다.

Part 3.

텍산의

마음으로

텍사스의
괴물

못 보던 괴물! 두려움!

모든 사람이 바짝 긴장하고 있다. 지역 교육청, 학교, 아파트 오피스에서 경고 메일이 온다. 마트는 난리가 났다. 사람들이 경쟁하듯 물품을 사재기한다. 폭풍 전야 같다. 전쟁 대비를 하는 것처럼 보이기도 한다. 무슨 일인가? 이번 주말에 영하 10도에 육박하는 추운 날씨가 예보되었기 때문이다. 사람들은 못 보던 것에 대한 두려움이 있다. 텍사스에는 무더운 여름 날씨가 지배적이다. 그래서인지 겨울에는 섭씨 10도 밑으로만 내려가도 엄청 추운 느낌이 든다. 그런데 영하 10도라니!

수도 동파를 막기 위해 밤새도록 물을 조금씩 똑똑 흘려보내라는 안내를 해 준다. 아파트 입구에 있는 잔디밭은 하얀색 천으로 덮어 두었다. 이 지역 사람들이 단체로 모여 있는 채팅방에서는 동파 대비에 대한 조언들이 쏟아진다. 수도꼭지를 천으로 동여맨 사진도 올라온다. 마치 우리나라의 60~70년대 모습 같다. 영하 10도가 춥기는 하지만 한국에서 여러 번

96

경험해 봤던 터라 대수롭지 않게 생각했는데 괜스레 덩달아 긴장이 된다. 진짜 수도가 터져서 집이 물바다 되는 거 아닌가 하는 두려움이 생긴다.

예전 박사과정 시절, 텍사스에 4년 조금 넘게 사는 동안 딱 한 번 눈이 온 적이 있다. 1월 중순이라 봄 학기가 시작될 무렵이었다. 개강 날 아침에 도로를 살짝 덮는 정도의 눈이 내렸다. 그런데 학교에서 긴급 연락이 왔다. 개강 연기! 물론 엄청 좋았지만 '뭐 이 정도로 개강을 연기하지?'라는 생각이 들었다. 하지만 도시는 거의 마비 상태가 되었다.

이와는 대비되는 모습을 볼 수 있는 곳도 있다. 석사과정 입학 직전, 겨울 방학에 미국 북동부의 뉴햄프셔주 다트머스 대학(Dartmouth College)에 단기 연수를 다녀온 적이 있다. 눈이 자주 오는 지역이었는데, 살면서 그렇게 눈이 많이 오는 곳은 처음이었다. 어느 날은 한밤중에 눈이 미친 듯이 쏟아졌다. 금세 허리까지 올 정도로 쌓였다. 2층에서 뛰어내리면 푹신한 눈 이불에 올라탈 수 있을 것 같았다. 이런 눈을 놓칠 순 없다는 생각이 들어 새벽 두 시에 순백의 세상으로 나갔다. 한 발짝 옮기기가 쉽지 않을 정도로 눈이 많이 쌓였다. 하지만 차가 다니는 도로에는 아무런 문제가 없었다. 그 시간에도 제설 차량이 순식간에 눈을 치워 버렸다.

사람들이 살아가는 장소는 기후에 맞추어 디자인된 경우가 많다. 기후는 인간 삶에 지대한 영향을 미친다. 비가 거의 오지 않는 사막 지역의 도시에 비가 오면 어떨까? 간만의 비 소식이 마냥 반가울 것 같지만 비가 오면 홍수가 난다. 평소에 거의 비가 오지 않기 때문에 굳이 큰 비용을 들여 배수 시설을 하지 않기 때문이다. 텍사스는 보통 겨울에도 기온이 영하로 잘 내려가지 않고, 눈도 거의 오지 않기 때문에 한파나 폭설에 취약하다. 그러나 더위에 관해서라면 일가견이 있다.

혹한과 더불어 눈이 온다는 예보도 있었다. 눈을 보고 싶은 마음이 있었지만, 눈이 오면 학교도 문을 닫고 여러 가지로 불편한 점이 있을 것 같았다. 눈이 오길 바라는 아이의 마음과 제설 작업이 두려운 철책선 군인의 마음이 공존했다. 하늘의 뜻대로 받아들여야지 뭐.

아침에 일어나 보니 온 세상이 하얗다. 아무리 추워도 이건 참을 수 없지! 체감기온 영하 22도였지만(예보된 것보다 기온이 더 떨어졌다!) 밖으로 나가 눈을 만져보고 아무도 걷지 않은 눈길도 걸어보았다. 밖에서 만난 사람은 인도인 가족 3명뿐이다. 도로에는 차가 한 대도 보이지 않았다. 역시 텍사스에서 영하의 기온, 거기에 눈까지 오는 상황은 생소하다. 대부분 사람은 집에서 꼼짝도 하지 않는다. 그리고 눈과 함께 올 것이 왔다. 주말과 월요일까지 연휴였는데, 월요일 밤에 화요일에도 학교 문을 닫는다는 연락이 왔다. 텍사스에서 눈 오는 것을 두 번 봤는데 두 번 모두 학교가 문을 닫았다. 텍사스에서 눈은 그런 존재다.

날씨가 춥다 보니 온종일 히터가 돌아간다. 그런데 온도가 올라가지 않는다. 에어컨을 켜면 바깥 기온이 아무리 높아도 금방 시원해지는데, 난방 시스템은 효율성이 떨어지는 건가? 보조 히터까지 틀어 놓고 추위를 견뎠다. 그런데 뭔가 좀 이상한 기분이 들었다. 아무리 그래도 그렇지, 계속 히터가 작동하는데 어떻게 이렇게 온도가 안 올라갈 수 있지? 의자에 올라가 히터가 나오는 곳에 손을 대 보니 찬 바람이 나온다. 분명 설정 온도보다 현재 온도가 낮은데 말이다. 하필이면 이 추위가 주말을 포함한 연휴에 찾아왔다. 아파트 오피스에 전화를 해도 받지 않는다. 홈페이지에 수리 신고를 한다. 그런데 곧바로 전화가 오네? 다른 건 몰라도 여름에 냉방이 안 되거나 겨울에 난방이 안 되는 건 긴급 사항으로 처리한다는 이야기를 들었던 기억이 난다. 이번 한파 전까지는 기온이 이렇게 내려간 적이 없어 난방이 제대로 안 되고 있다는 사실도 몰랐다. 사실 예전에도 그렇게 많이 따뜻하다고 느끼지는 못했지만 그러려니 했다. 사는 데 큰 문제가 없었기 때문이다. 원래 그런 줄 알았다. 그런데 한파가 닥치니 히터를 돌려도 따뜻해지지 않는 문제가 심각해졌다. 다행히 공휴일에도 빨리 달려와 준 멕시코 출신의 관리팀 직원이 문제를 해결해 주었다. 한 번이 아니고 이틀에 걸쳐서. 아파트 단지에서 검은색의 커다란 개를 데리고 산책하는 모습을 가끔 보는데, 다음에는 아는 척이라도 해야겠다.

우여곡절이 있었지만, 다행스럽게도 텍사스의 무서운 괴물은 무사히 지나갔다. 핼러윈에는 가짜 괴물들이 도시 곳곳을 활보했지만, 이번에는 진짜 날씨 괴물이 도시 전체를 덮쳐 버렸다. 텍사스는 여름이 무지막지하게 덥지만 그래도 겨울에 추운 날이 별로 없다는 것이 반대급부로 좋은 점이었는데 겨울에도 이런 혹한이 찾아오면 마음이 심란하다. 여름이 더욱 무더워지는 텍사스에서 겨울 한파 걱정까지 해야 하는 것이 기후변화 때문은 아닐까 하는 생각이 들어 씁쓸하다.

<u>눈 덮인 텍사스의 아파트</u>
보기 힘든 텍사스의 눈이다. 많이 오지는 않아 아주 얇게 세상을 덮고 있다. 그러나 이 정도
의 눈은 도시를 잠들게 했다.

아파트 관리 사무소의 추위 대비 관련 메일
위험하게 추운 날씨(dangerously low temperature)가 예보되었다. 텍사스에서는 영하의 추운 날씨가 오면 수도 파이프가 터질까 노심초사다. 그래서 아파트 보험에도 이와 관련된 항목이 들어있다. "Try to stay warm"이라는 마지막 문구가 따뜻하다.

2024년 1월 15일 텍사스 플레이노 기온
아침 기온이 영하 12도, 체감온도는 영하 22도이다. 텍사스에서 이런 숫자를 보게 될 줄 몰랐다. 혹서 경보는 많이 봤는데 혹한 경보라니!

찾아가는
세계 최대의 휴게소

비버 캐릭터가 공간을 가득 채우고 있다. 거의 모든 물품에 비버 캐릭터가 붙어 있다. 디즈니 월드 부럽지 않다. 과연 여기는 어디일까? 놀랍게도 고속도로 휴게소다. 이름은 버키스(Buc-ee's).

광활하게 펼쳐진 넓은 땅에 길만 끝없이 이어져 있을 것 같은 텍사스의 고속도로에 갑자기 딴 세상이 나타난다. 커다란 비버 캐릭터가 눈길을 사로잡는다. 주유기가 도대체 몇 개인지 세기도 어렵다. 비버 캐릭터 때문에 키즈 카페에서 기름을 넣는 것 같은 느낌이 든다. 편의점 건물로 들어서면 비버 신세계가 펼쳐진다. 휴게소 편의점인데 없는 것이 없다.

텍사스에서 시작된 버키스는 1982년에 창립된 편의점 및 주유소 체인이다. 먼저 텍사스에 여러 지점을 내면서 세력을 확장한 후, 이제는 다른 주까지 그 세력을 확장하고 있다. 규모는 역시 텍사스 스타일이다. 2012년에 개장한 텍사스 뉴 브라운펠스(New Braunfels) 매장은 세계에서 가장 큰 편의점이자 주유소로 그 면적이 약 1,900평, 83개의 화장실, 31개의 계산대, 120개의 주유구를 가지고 있다. 고속도로 휴게소가 이런 규모라는 것이 상상이 가는가? 그런데 최근 세계 최고 타이틀이 바뀌었다. 2024년 현재, 테네시주 세비어빌(Sevierville) 매장이 전 세계에서 가장 큰 버키스가 되었다. 텍사스가 아닌 곳에 있는 매장이 가장 크다니! 텍사스 자존심이 이를 허락할 수 없다. 그래서 텍사스주 룰링(Luling)에 더 큰 매장을 짓고 있다고 한다. 대체 어디까지 커질 셈인가? 그래도 텍사스가 1등을 가지고 오는 데에는 찬성!

버키스 편의점에는 유명한 것들이 많다. 그중에서 텍사스 고기를 듬뿍 넣은 샌드위치가 백미다. 현장에서 바로 익힌 고기를 쓱쓱 썰어서 만든 샌드위치가 매대에 줄지어 있다. 익힌 고기가 나올 때는 일하는 직원들이 함께 함성을 지르며 소식을 알린다. 가장 유명하다는 브리스킷 샌드위치(brisket sandwich)를 하나 샀다. 그리고 한 입 베어 물어본다. 기계화된 방식으로 만들어진 패티가 든 햄버거와는 다른, 생으로 만든 고기의 식감이 느껴진다. 버키스의 또 다른 명물은 육포이다. 그렇게 많은 종류의 육포가 있는지 처음 알았다. 소고기가 많이 나는 곳이라 그것으로 만든 육포도 다양하게 상품화하는 듯하다. 이외에도 너무나 다양한 상품이 있다. '휴게소에서 이런 것도 팔아?' 하는 생각이 든다. 상품마다 찍힌 귀여운 비버 캐릭터가 사고 싶은 욕구를 자극한다.

버키스는 자신만의 브랜드를 만들고 그것을 상품화하는 데 성공했다. 텍사스에서 시작했지만, 미국의 다양한 지역으로 계속해서 매장이 확대되어 나가는 것을 보면 성공 가도를 달리고 있다는 사실을 알 수 있다. 비버 캐릭터로 이미지화된 버키스 브랜드는 매력적이다. 휴게소를 이렇게 브랜드화한다는 발상이 신선하다. 미국은 워낙 땅이 넓어 긴 거리를 자동차로 이동해야 하는 경우가 많다. 고속도로를 달리다 보면 곳곳에 휴게소가 있다. 버키스를 알기 전에 들어간 휴게소는 계속해서 이어져 나타나는 여러 휴게소 중 아무런 이유 없이 선택한 곳이었다. 앞으로는 화장실을 조금 더 참더라도 버키스 휴게소가 도달 가능한 거리에 있다면 그곳에 갈 것 같다.

최근 집에서 가까운 버키스 매장에 다녀왔다. 여행 중 휴게소로 버키스에 들른 것이 아니라 그냥 버키스에 가고 싶어서 거기만 다녀왔다. 성공한 브랜드는 이렇게 고객을 끌어들인다. 나는 어떤 브랜드 가치를 가지는가? 세계적인 브랜드 가치를 가진 우리나라 기업은 얼마나 있는가? 대한민국 국가 브랜드는 어떤 이미지를 가지고 있는가? 어떠한 전략을 통해 브랜드 가치를 높일 수 있을지에 대해 항상 고민해야 한다.

버키스는 고속도로 휴게소의 의미를 확장했다. 휴게소를 새로운 공간으로 재개념화하고 창의적으로 브랜드화했다. 새로운 브랜드가 성공하기 위해서는 발상의 전환을 통한 가치 찾기가 중요하다. 그런데 가치 찾기가 꼭 좋은 조건을 가지고 있을 때만 가능한 것은 아니다. 오히려 역발상을 통해 생각지도 않았던 것에서 새로운 가치를 창출할 수도 있다. 주어진 조건이 좋지 않으면 평생 그 굴레에 갇혀 불평만 하고 있을 텐가? 일본의 홋카이도는 불편할 정도로 많이 내리는 눈을 축제로 브랜드화했다. 파리를 방문할 때는 돈을 내고 하수도를 관광한다. 가치는 이렇게 새로운

비버가 점령한 공간
모든 물품에 비버가 찍혀 있다. 비버가 점령한 버키스 세상이다.

관점을 통해서도 만들어질 수 있다. 마르셀 프루스트의 말처럼 진정한 발견은 새로운 땅을 찾는 것이 아니라 새로운 눈을 갖는 것이다.

오늘 몰에서 버키스 티셔츠를 입은 아저씨를 만났다. 중년의 아저씨가 비버 캐릭터가 그려진 빨간색 옷을 입고 나타났다. 버키스는 단순한 고속도로 휴게소가 아니다. 누가 또 다른 버키스를 만들 것인가?

버키스의 샌드위치
현장에서 만든 고기를 쓱싹쓱싹 썰어 넣어 샌드위치를 만들어 준다.

버키스의 육포
한쪽 벽면을 가득 채울 정도로 다양한 종류의 육포를 만날 수 있다.

기괴한 트럭이 굉음을 내며
공중으로 솟아오른다

가장 가지고 싶은 차는 무엇인가요?

미국은 대부분 도시에서 대중교통이 발달해 있지 않아 자동차가 없으면 기본적인 생활이 어렵다. 자동차는 생활의 필수품이다. 자동차가 있어야 비로소 자유가 생긴다. 자동차가 없으면 당장 먹을 것을 사러 가기도 힘들다. 그래서 차에 대한 수요가 많다. 미국이 광대한 크기에 많은 인구를 가진 선진국이니만큼 자연스레 미국은 전 세계 차량의 각축장이 되었다. 따라서 미국에서 가장 많은 사람이 가지고 싶어 하는 차에 관한 질문은 상당히 큰 의미가 있다. '끝판왕' 찾기 느낌의 질문이랄까.

이런 미국에서 수십 년 동안 부동의 1위를 차지하고 있는 차가 있다면 인정해 주지 않을 수 없다. 그런 차가 바로 포드사의 픽업트럭이다. 2, 3위 역시 다른 제조사의 픽업트럭인 경우가 많다. 실제 미국에서 도로를 달리다 보면 픽업트럭을 자주 만나게 된다. 많은 집이 픽업트럭 한 대 정도는 가지고 있는 듯하다. 그래서 테슬라의 일론 머스크가 그렇게 픽업트럭 만드는 데 집착한다는 이야기도 있다.

땅이 넓은 텍사스에도 픽업트럭이 많다. 이런 곳에 살다 보니 거친 남자의 매력이 느껴지는 픽업트럭을 몰고 싶은 욕구가 막 생겨난다. 원래 부드러운 남자를 좋아하는데 상남자 스타일로 취향이 바뀌고 있나 보다. 이러다가 한국에서 한여름에 카우보이 모자를 쓰고 부츠 신고 다니는 거 아닌지 모르겠다. 혹시 그런 사람 만나면 경찰에 신고하지 말고 인사를 하거나 좀 말려주세요.

저기요, 아저씨! 여기서 이러시면 안 됩니다!

이렇게 트럭이 삶에서 중요한 것이니 이와 관련된 무언가가 있지 않을까? 그렇다! 몬스터 트럭 쇼가 있다. 몬스터처럼 기괴한 모양새를 가진 트럭이 역동적인 퍼포먼스를 하는 쇼다. 나도 차를 좋아하고, 아이도 요즘 자동차에 푹 빠져 있으며, 텍사스에서 픽업트럭에 관심도 커졌고, 그래서 미국이 아니면 보기 쉽지 않을 듯한 몬스터 트럭을 만나러 갔다.

경기장은 이름부터 한껏 기대를 부풀게 하는 콜로세움(coliseum)이다. 어떤 차를 만날 수 있을까 하는 기대를 안고 경기장으로 들어갔다. 쇼는 오후 1시 30분부터 시작하고, 그 전 11시부터 사전 행사가 있다. 사전 행사에서는 뭘 할까? 경기장에 들어서자마자 들뜬 분위기가 감지된다. 여기저기 시끌벅적하고 기괴한 모양의 자동차들이 전시되어 있다. 몬스터 트럭의 가장 큰 특징은 커다란 바퀴이다. 차 전체 높이의 절반 정도 크기에 달하는 커다란 바퀴를 장착하고 있다.

사전 행사는 마치 연예인들의 사인회 같았다. 여기선 트럭 운전사가 연예인이다. 각 몬스터 트럭을 운전하는 선수들이 자신의 차 앞에 앉아 있고, 사람들이 줄을 서 차례로 선수에게 사인을 받거나 함께 사진을 찍는다. 차량별 깃발도 판매하는데, 그 깃발에 사인을 받는 경우도 많다. 우리 아들은 경찰차를 제일 좋아했다. 'Sheriff'라 적힌 몬스터 트럭 깃발을 사고, 그 차 앞에서 기념사진을 찍었다. 아들의 요즘 장래 희망은 경찰 혹은 태권도 사범이다. 자신의 관점에서 제일 강하게 보이는 사람이 경찰과 태권도 사범인 듯하다. 나도 군대로 의경을 다녀왔고, 태권도를 못하지만 단증도 있는데 전혀 강하다고 생각하지는 않는 것 같다. 어린 나이에 현실을 너무 잘 파악하고 있다.

경기장 한쪽 구석에서는 직접 몬스터 차를 타 볼 수도 있다. 사람들을 태운 차가 굉음을 울리며 과격하게 경기장을 휘젓고 있다. 생각보다 기다리는 줄이 그렇게 길지 않아 한 번 타 보았다. 직접 타 본 몬스터 트럭은 겉으로 보기보다 훨씬 격동적이었다. 빠른 속도로 쓰러질 듯 방향을 바꾸는 트럭에서 본능적으로 고함을 지르게 된다. 몬스터 트럭은 이제껏 타 본 그 어떤 놀이기구보다 더 심장을 두근거리게 하는 시간을 선사했다. 탑승 시간이 너무 짧아 아쉬웠지만 그래도 새로운 경험이었다는 생각을 들게 하기에 충분했다.

경연 시간이 다가올수록 사람들이 급격하게 늘어났다. 그 큰 경기장이 빈자리 없이 가득 찼다. 오후 1시 30분이 되자 장내 사회자가 등장한다. 마치 레크리에이션 강사처럼 관중들의 호응을 유도하고 경연을 이끌어 가는 역할을 했다. 때로는 경품을 던져 주기도 한다. 모두 어린아이처럼 쇼를 즐기고 고함을 지른다. 나는 이런 분위기에 호응하는 걸 잘하지 못해서 짐짓 점잖게 앉아 있었다. 사회자가 아주 싫어하는 유형의 관객이다. 수업 시간에 반응 없는 학생이랑 비슷하달까.

저기요, 아저씨! 여기서 이러시면 안 됩니다!

몬스터 트럭 경연의 소리가 너무 커서 귀마개를 꼭 가지고 가야 한다는 이야기를 듣고 미리 준비했는데 처음에는 그렇게 소리가 크다는 느낌이 들지 않았다. 그러나 본격적으로 트럭이 격렬하게 움직이면 정말 굉음이 공간을 가득 채운다는 느낌이 든다. 몬스터 트럭들은 장애물을 타고 높이 치솟고, 격렬하게 회전하고, 멋진 모습을 보이려 경쟁한다. 커다란 차가 갑자기 속력을 낼 때는 불난 것처럼 배기가스가 뿜어져 나오고, 높이 솟아올랐다 땅에 떨어질 때는 부서질 것처럼 출렁거린다. 영화 매드맥스에 등장할 것 같은 기괴한 모양의 차들이 지금, 이 순간이 끝이라는 생각으로 달려나가는 그런 느낌이다.

몬스터 트럭 쇼를 보다 보면 자연스럽게 여러 트럭 중에서 좋아하는 차가 생긴다. 그리고 그 차를 운전하는 선수에 관한 관심이 생긴다. 사전 행사에서 줄을 서서 사인을 받는 이유가 이해되기 시작한다. 몬스터 트럭 쇼는 마치 농구나 야구 같은 스포츠의 느낌이다. 스포츠에 열광하는 미국

몬스터 트럭 쇼 프리스타일 경연
가장 격렬한 퍼포먼스를 보여 준 'Sheriff' 트럭의 경연 모습이다. 차 부서지는 줄 알았다.

사람들이 몬스트 트럭 쇼에 열광하는 것도 비슷한 이유가 아닐까 하는 생
각이 들었다.

　몬스터 트럭 경연은 특이하고 새로운 경험을 선사했다. 여기가 아니
면 어디서 그런 트럭들을 볼 수 있었겠는가? 어디서 그런 차들이 그렇게
격렬하게 움직이는 모습을 볼 수 있었겠는가? 픽업트럭의 나라 미국에
잘 맞는 그런 쇼였다.

새로운 자극은 창의성 증진으로 이어진다고 한다. 그리고 사람들을 열광하게 하는 무엇인가를 창의적으로 만들면 거대한 경제적 파급효과가 생긴다. 여행에서의 다양한 경험을 통해 새로운 자극을 접하고 이를 자양분 삼아 창의적인 기획을 할 수 있는 역량을 키워나가는 것은 여행이 주는 또 다른 유익함이 아닐까 하는 생각을 해 본다. 한자리에 오랫동안 골똘히 앉아 있다고 해서 창의적인 생각이 떠오르는 건 아니다. 여행을 통해 시야를 넓히고 좀 더 창의적인 사람이 될 수 있다.

밝음, 어두움,
그리고 다시 밝음

D-Day: 2024년 4월 8일.

지구, 달, 태양이 일직선이 되면서 달이 태양을 가리는 개기일식이 예정된 날이다.

디데이가 다가오면서 나라 전체가 들썩들썩한다. 애들 학교에서는 몇 주 전부터 개기일식 보러 나간다는 통신문을 보낸다. 휴교하는 학교도 있다. 아파트에서는 당일 12시부터 14시까지 개기일식 함께 보기 이벤트를 개최한다는 공지가 왔다. 이벤트에 참여하면 태양 관찰을 위한 안경과 간식을 나눠준다고 한다. 개기일식 관련 부스가 생겨난 공원도 있다. 지난 주말에는 경험 삼아 미국 교회에 한 번 나가 봤는데, 목사님의 설교도 개기일식 이야기로 마무리된다. 개기일식을 볼 수 있는 도시에 사람들이 몰려들어 숙박비가 치솟는다. 여러 도시가 주요한 경로에 위치한 텍사스에서 경제적 효과가 가장 크다고 한다. 개기일식을 볼 수 있는 특수 안경의 가격이 점점 올라가고 디데이에는 물건 자체를 구하기 어렵다. 나는 다행히도 한참 전 텍사스 영원 축제(Texas Forever Fest)에서 무료로 나누어 준 안경을 가지고 있었다. 만나는 사람마다 어디서 개기일식을 볼 것인지 물어본다. 세상의 관심이 온통 개기일식에 가 있는 느낌이다.

사실 뭐 이리 난리인가 싶었다. 약간 신기하기는 하지만 달이 태양을 가리는 현상에 이렇게 흥분할 일인가? 하지만 디데이 이후 내 생각은 완전히 바뀌었다. 그렇게 난리 칠 만한 일이었다. 직접 개기일식을 경험하면 그 흥분과 감동을 잊기가 쉽지 않다.

드디어 디데이다! 운이 좋게도 내가 사는 플레이노는 개기일식을 관찰할 수 있는 경로상에 자리 잡고 있다. 비싼 돈을 주고 다른 도시에서 숙박하지 않아도 된다. 어디서 보면 좋을까? 별생각 없이 그냥 집에서 보면 되겠지 하고 있다가 그래도 세상이 들썩들썩하는 우주쇼인데 좀 더 탁 트인 넓은 곳을 찾아가는 예의 정도는 갖추어야겠다는 생각이 들었다. 평소 산책하러 자주 들르는 학교 근처의 공원이 좋을 것 같은데 거긴 아무래도 학생들이 많을 것 같았다. 그래서 집에서 그리 멀지 않은 아보 힐스 자연 보호지역(Arbor Hills Nature Preserve)으로 향했다. 자연보호지역이라는 이름을 보는 순간, 저 멀리 깊은 산속을 떠올리게 되지만 실상은 우리 집에서 10분도 걸리지 않는 곳에 있다. 하지만 이름에 걸맞게 넓은 범위에 걸쳐 자연을 잘 보호하고 있다.

플레이노에서는 12시 30분경부터 달이 태양을 먹기 시작해 13시 43분에 완전한 겹침이 발생하는 것으로 예고되어 있다. 조금 일찍 도착한 터라 공원 이곳저곳을 다녀보았다. 평일 낮인데도 사람들이 많다. 거의 대부분 개기일식을 보러 온 것처럼 보였다. 상당수가 한창 일해야 할 젊은 층이다. 궁금증이 생겼다. 저들은 직장에 안 나가도 되나? 다들 무직인가? 우리 아파트 행사에는 거의 할머니, 할아버지들만 있던데 여기 젊은 이들은 어떻게 이 시간에 여기 올 수 있지? 이런 일이 있으면 회사에서 휴가를 주나? 궁금하긴 했지만 직접 물어보기는 좀 그렇고 그냥 슬며시 무리에 동참했다.

우주쇼를 보러 온 만큼 커다란 카메라를 들고 다니는 사람이 많았다. 저런 카메라로 찍어야 우주쇼를 아름답게 기록할 수 있을 것 같다. 내 스마트폰 사진기는 잘 작동할까? 자리를 잡고 하늘을 올려다보고 있는 사람들이 곳곳에 보인다. 가족 단위로 소풍을 나온 모습도 자주 발견할 수 있다. 축제처럼 이 시간을 즐기고 있다. 기대와 흥분이 공기 중에 떠다닌다.

아보 힐스 자연보호지역에는 전망대가 있다. 아무래도 높은 곳에서 개기일식을 가장 잘 관찰할 수 있을 듯해 그곳을 아지트로 하기로 했다. 그런데 역시 사람들은 생각이 비슷한가 보다. 이미 장사진을 이루고 있다. 전망대 아래 잔디밭에 사람이 가득하다. 가장 높은 전망대 정상에 올라가니 좁은 공간에 커다란 카메라 몇 대가 설치되어 있다. 2017년 개기일식이라 적힌 푸른색 티셔츠를 입은 우주 관찰 동호회 회원처럼 보이는 학생 두 명이 자리를 선점했다. 하지만 자신들이 설치한 카메라를 자유롭게 볼 수 있도록 해 준다. 커다란 렌즈가 달린 망원 카메라로 보니 이제 막 태양을 조금 갉아 먹은 달의 모습이 크고 선명하게 보인다.

사람들의 발길이 끝없이 이어진다. 계속 태양을 바라보고 있을 수는 없어 간헐적으로 특수 안경을 통해 진행 상황을 살펴보았다. 조금씩, 아주 조금씩 달이 계속해서 태양을 침범해 간다. 선글라스를 끼고 봐도 가능할까 싶어 시도해 보았지만 그건 안 된다. 태양이 너무 밝아서 선글라스 정도로는 그 밝기를 커버할 수 없었다.

이제 완전한 겹침까지 20분 정도의 시간이 남았다. 세상이 약간 어스름해진 느낌이다. 아무래도 태양이 조금씩 가려지다 보니 그런 것이겠지? 조금씩, 아주 조금씩 더 어스름해진다. 달이 태양을 완전히 가리면 이것보다 조금 더 어두워지겠지? 이제 1분 남았다. 30초, 20초…. 그러다 갑자기…

완전한 어둠이다!

달이 태양을 완전히 먹으면 밤처럼 어두워진다. 충격적이다. 나는 약간씩 어스름해지다 조금 더 어두워지는 상황을 예상했다. 그런데 갑자기 완전히 어두워진다. 순식간에. 여기저기서 사람들의 함성이 들린다. 마구 뛰어다니는 사람들도 있다. 이 순간을 맞이한, 같은 집에 사시는 여성분께서는 옆에서 눈물을 흘리고 계신다. 그렇게 감동적인가? 너무 감동적이라 소름이 돋았단다.

스마트폰 카메라로 달이 가린 태양을 찍어 본다. 밝을 때에는 잘 찍히지 않지만 태양을 완전히 가린 순간의 모습은 담기지 않을까 하는 기대를 했다. 이런 기대에 부응하듯 어느 정도는 절정의 순간을 잘 담아낸다. 함께 사시는 분께서는 항상 자신 스마트폰(A사)의 카메라를 좋아하셨는데 적어도 개기일식과 관련해서는 내 카메라가 나은 것 같다. 그분의 카메라는 "더 많은 빛이 필요합니다!"라는 경고를 계속 내보내면서 절정의 장면을 잘 기록하지 못하고 있었다. 이 지역 '단톡방'에서도 개기일식 장면 촬영 노하우, 스마트폰의 카메라 성능에 대한 이야기가 계속된다. 언제 기회가 되면 내 스마트폰(S사) 회사 관계자 분께 이 상황을 알려주고픈 마음이다. 마케팅에 잘 활용할 수 있을 듯한데….

개기일식의 절정은 4분 정도 지속되었다. 이후 달에 완전히 가려졌던 태양이 조금씩 얼굴을 내밀기 시작하면 세상도 다시 조금씩 밝아지기 시작한다. 달이 태양을 완전히 가린 순간과 아주 조금이라도 드러난 부분이 있는 순간, 작은 차이 같지만 이 두 순간 사이에는 엄청나게 큰 차이가 있다. 태양의 위력이 실감 난다. 빛이 세상을 밝히기 시작하자 사람들이 다시 함성을 지른다. 서로 부둥켜안기도 하고 하이파이브를 하기도 한다. 멸망해 가던 지구에 다시 사람이 살 수 있게 되면서 절망했던 지구인이 희망에 차 환호하는, 그 어떤 영화의 클라이맥스 장면 같다. 그때 갑자기 누군가가 크게 소리를 지른다.

"We did it!"

왜 갑자기 저런 고함을 질렀을까? 지구를 구한 것 같은 느낌이 들었을까? 이제 다시 지구에서 살아갈 수 있다는 느낌이 들었을까? 그런데 이상

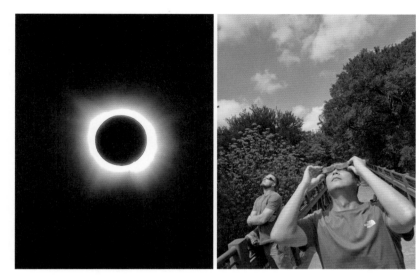

달이 태양을 완전히 가린 순간과 하늘을 바라보는 사람들
모두가 하늘을 올려다보며 조금씩 달이 해를 먹어 가는 과정을 관찰한다. 결국 달이 해 전체를 잡아먹는 절정의 순간이 오고, 세상은 암흑으로 변한다.

하게도 어떤 마음에서 저런 고함을 질렀을지 너무 이해가 된다. 그 순간, 그 장소에 함께 있었던 사람들은 같은 마음일 것 같다.

우연한 기회에 개기일식을 직접 경험했다. 내가 미국에 있는 이 순간에, 그리고 내가 살고 있는 이곳에 마치 로또 당첨처럼 개기일식이 찾아왔다. 사실 예전에는 일식 관련 기사를 보아도 크게 관심을 가지지 않았다. 그저 흘러가는 수많은 정보 중 하나였을 뿐이다. 하지만 개기일식이 그렇게 자주 일어나는 현상이 아니고, 그 순간을 직접 경험하는 것은 더욱 어려운 일이라는 사실을 이제는 안다. 그 순간을 보석처럼 맞이했다.

2024년 4월 8일, 13시 43분. 그때를 생각하면 지금도 가슴이 두근거린다. 인생의 보석 같은 순간은 이렇게 예기치 않게 찾아오기도 한다.

텍사스 카우보이의
흔적을 찾아서

텍사스 하면 무엇이 떠오르는가?

텍사스 전기톱 살인? 사막? 초원? 소 떼? 바비큐? 카우보이?

텍사스가 전기톱 살인 사건으로 이미지화된 것이 안타깝기는 하지만 그만큼 많은 사람에게 강렬한 인상을 줬나 보다. 그러나 텍사스에서 실제 전기톱을 들고 다니는 사람을 만나기는 쉽지 않다. 공구상에서 전기톱을 사는 사람을 본 적도 없다. 그런데 광활한 텍사스가 사막과 초원을 포함한 다양한 자연환경을 담고 있는 것은 사실이다. 소가 많고 소고기도 싸서 맛 좋은 바비큐를 상대적으로 쉽게 먹을 수 있다는 것도 맞는 말이다. 무엇보다 카우보이는 텍사스 사나이의 상징처럼 느껴진다.

어디 가면 텍사스 카우보이를 만날 수 있을까? 서울에 산다고 해서 조선 시대의 모습을 볼 수 있는 것은 아니며, 갓을 쓴 사람을 만날 수도 없다. 마찬가지로 텍사스에 살더라도 일상에서 정통 텍사스를 경험할 수 있는 것은 아니다. 거리에 카우보이가 다니지도 않는다. 그래도 텍사스에 있으니 텍사스의 정통을 한 번쯤은 보고 싶었다. 어디를 가면 좋을까 고민하면서 정보를 찾다 포트워스 스톡야드(Fort Worth Stockyards)를 알게 되었다. 포트워스는 댈러스 근처에 있는 도시다. 일반적으로 댈러스 공항이라고 할 때는 댈러스·포트워스 국제공항을 의미하는 것으로 공항은 실제 포트워스에 있다. 서울에 가기 위해 인천 공항을 이용하는 것과 유사한 느낌이다. 그런데 인천이 큰 도시인 것처럼 포트워스도 엄청나게 큰 도시다.

스톡야드에 가까워지면 분위기가 바뀐다. 서부 영화의 한 장면으로 들어가는 듯한 기분이 든다. '오, 여기 진짜 영화에 나오는 텍사스 같은데?'라는 느낌이 든다. 무더운 여름임에도 카우보이모자를 쓰고, 긴 부츠를 신은 사람들이 눈에 띄기 시작한다. 역시 멋쟁이에게 날씨 같은 건 문제가 되지 않나 보다. 난 멋쟁이가 되긴 글렀다. 날씨가 너무 문제가 된다. 이 날씨에 거의 무릎까지 오는 부츠를 신고 모자를 푹 눌러쓰고 다니는 멋쟁이들에게 경의를 표한다.

곳곳에 소와 말들이 다니고, 마차들도 눈에 띈다. 카우보이 복장으로 소와 함께 폼을 잡고 있는 사람이 보인다. 뭐 하는 건가, 하고 다가가 보니 돈을 내고 소에 올라타 사진을 찍는 곳이었다. 나도, 소만 있으면 이런 거 한번 해 보고 싶다는 생각이 들었다. 그냥 서 있으면서 사진만 찍게 해 주고 돈을 벌 수 있는 것 아닌가? 그래도 나름 고충이 있겠지? 그래도 소 있으면 해 보고 싶다. 스톡야드에는 카우보이 동상과 말이나 소 모양의 조형물들이 곳곳에서 방문객들을 맞아 준다. 옛날 텍사스 사람들이 진짜 이렇게 살았을까 상상해 본다.

　마음만은 텍사스 카우보이가 되어 스톡야드 거리를 천천히 걸었다. 너무나 뜨거운 날씨에 진이 빠지는 느낌이었지만 이게 텍사스라고 생각하며 꿋꿋이 참고 계속 걸었다. 사진으로만 보는 것과 실제로 경험하는 것은 다르다. 시원한 에어컨 바람이 나오는 밴 속에서 창문을 통해 무더운 지역을 바라보는 것은 그곳을 진정으로 경험하는 것이 아니라고 했던 이 푸 투안의 말이 떠오른다. 우리 몸 세포 하나하나에 새겨지는 장소 경험은 사진이나 영상으로 그곳을 보는 것과는 다르다. 그래서 실제 그곳에 가 보는 여행의 의미는 쉽사리 대체될 수 없다. 텍사스 한여름의 뜨거움을 글로 표현하는 데 한계가 있겠지만 무지막지하게 덥다고 생각하면 된다.

　여행의 또 다른 매력은 우연히 마주친, 예기치 못한 이벤트가 주는 놀라움이나 즐거움이다. 스톡야드에서는 거리를 활보하는 소와 말들이 가장 눈길을 끈다. 그런데 혹시 말이 쉬하는 장면을 실제로 보신 적 있는지? 나는 우연히도 그것을 보았다. 스톡야드 거리를 거닐고 있는데, 저쪽에 서 있는 늠름한 말 한 마리 아래로 홍수가 난 것처럼 물이 갑자기 불어나는 것이 보였다. 소화전이 터졌나 했다. 아니면 너무 더워서 물 펌프로 거리에 물을 뿌리나 했다. 그런데 수원(水原)은 그것이 아니었다. 말 근처로 다가가자 말 주인이 멋쩍은 표정으로, 그러나 동양에서 온 이방인의 표정이 재미있다는 듯 웃으며 이야기해 주었다. "말이 쉬하고 있어요!" 그 장면을 경이로운 표정으로 한참이나 쳐다보았다. 말은 생각보다 무서운 동물이다!

뜨거운 햇볕이 너무 힘들어질 때쯤 중앙 스테이션 골목이 눈에 들어온다. 지붕이 있는 커다란 공간에 기차 레일을 중심으로 양쪽에 기념품점과 음식점이 늘어서 있다. 실제 지금도 기차가 다닌다고 한다. 일단 그늘이 있기 때문에 태양을 피하고 싶어 무조건 들어갔다. 이국적인 기념품을 파는 가게로 저절로 발길이 향했다. 스톡야드 분위기가 물씬 나는 온갖 물품들이 가득했다. 카우보이 개인용품점 같았다. 뿔이 긴 소인 롱혼(longhorn)의 뿔들, 다양한 카우보이 모자와 부츠, 텍사스 문양의 각종 기념품 등을 보는 재미가 쏠쏠했다. 카우보이모자를 여러 번 바꿔 써 가며 한껏 멋을 부려 봤다. 한국산 카우보이 등장!

한참 동안 기념품 구경을 하다 보니 배가 고파졌다. 스톡야드에 왔으니 텍사스의 전통이 살아 있는 음식을 먹어야겠다고 생각했다. 텍사스 느낌이 물씬 풍기는 햄버거 가게에 들어가 카우보이가 먹던 그런 정통 텍사스 햄버거처럼 보이는 메뉴를 시켰다. 진짜인지는 모르겠다. 하지만 믿는 것이 실제처럼 느껴지는 영화 매트릭스처럼 기분은 좋았다. 텍사스 소고기는 어딜 가도 기본은 한다.

스톡야드에서 빼놓을 수 없는 진기한 풍경은 하루 두 번(오전 11시 30분, 오후 4시), 소 떼가 거리를 행진하는 소몰이(cattle drive)다. 다른 곳에서는 쉽게 볼 수 없는 이런 독특한 이벤트를 놓칠 수는 없는 일. 소몰이 시간이 가까워지면 이 풍경을 보기 위해 사람들이 거리에 줄지어 선다. 일찌감치 나와 나무 그늘에 미리 자리를 잡은 사람도 많다. 시작 10분여 전이 되면 사회자와 안전요원이 등장한다. 사회자는 소몰이에 대해 설명하고 흥을 북돋운다. 안전요원들은 관객들이 보도 아래로 내려오지 못하도록 통제한다. 크고 육중한 소가 위험할 수 있으니 너무 가까이 다가가지 않도록 안전 관리를 하는 것이다.

시간이 되면 마치 올림픽 경기에 출전하듯 소 떼 무리가 거리 저쪽 끝에 줄지어 선다. 그리고 말을 탄 카우보이들이 소들을 천천히 몰기 시작한다. 카우보이들은 아이들이 많은 곳 앞에서는 소를 일부러 천천히 몰아 아이들이 잘 구경할 수 있도록 배려하고, 자신들도 포즈를 잡는 쇼맨십을 보여준다. 그리 길지 않은 거리를 행진하기에 소 떼는 금세 저 멀리 사라진다. 하지만 엄청난 덩치에 기다란 뿔을 가진 텍사스 소 여러 마리를 한꺼번에 가까이서 볼 수 있는 이곳만의 독특한 풍경은 참 인상적이다. 롱혼의 뿔은 정말 길고 크다! 목 디스크에 걸리지 않을까 심히 걱정이 될 정도로.

텍사스의 향기를 느끼고 집으로 돌아가려 주차장에 도착하니 앞 유리창 와이퍼에 아주 조그만 노란색 봉투가 끼워져 있었다. 요즘 보기 힘든 고풍스러운 느낌의 작은 봉투였다. '오, 저게 뭐지? 텍사스 정통 마을이라 기념품 같은 것을 주는 시스템이 있나?' 하고 약간은 떨리는 마음으로 정성스럽게 봉투를 열었다. 그런데 '위법(violation)' 이런 단어가 보인다. 찬찬히 살펴보니 불법주차 딱지였다. 땅이 넓은 텍사스에서 주차는 항상 쉬운 일이었고, 나에게 텍사스에서 주차비를 낸다는 개념이 없었다. 물론 대도시에 살지 않아서 그렇다. 스톡야드에 도착하고 주차장에 차를

텍사스 카우보이와 한국 카우보이
카우보이모자를 쓰고 거친 황야의 마음을 장착하면 누구나 카우보이가 되는 거 아닌가?

댈 때, 관리하는 요원도 없고 체크할 수 있는 기계도 찾을 수 없었다. 번호
가 적혀 있는 표지판에 텍스트 메시지를 보내라는 문구가 있었는데 어떻
게 하는지도 잘 모르겠고, 주차비를 내야 한다면 나갈 때 시간 정산해서
내겠지 하는 생각으로 일단 주차를 하고 거리로 나갔다. 그런데 그 결과
내 두 손에 돌아온 것은 주차 딱지였다. 시간에 따라 정산하는 것이 아니
라 10달러를 내면 종일 주차를 할 수 있는 것 같았다. 미국은 위법을 크게
징벌하기 때문에 벌금은 원래 주차비보다 훨씬 비쌌다. 그래도 오늘 비싼
수업료 내고 하나 배웠다. 하지만 스톡야드 거리의 뜨거움만큼이나 한국
카우보이의 머리에서 열이 나는 건 어쩔 수 없다.

소 떼의 행진

기다란 뿔이 특징적인 텍사스 소들의 스톡야드 거리 행진은 이곳의 상징적인 경관이다.

텍사스 속의
크로아티아

<꽃보다 할배>, <꽃보다 누나> 시리즈가 선풍적인 인기를 끌었던 때가 있다. 이 프로그램을 통해 많은 사람들이 여행에 관심을 가지게 되었다. 기존에 알지 못했던 아름다운 곳들을 알게 되기도 하고, 간접 여행을 통해 대리만족을 느끼기도 했다. <꽃보다 누나> 시리즈는 <꽃보다 할배>의 특별판 느낌인데, <꽃보다 할배>의 인기를 무난히 이어갔다. 나는 이 프로그램을 통해 크로아티아의 매력에 빠지게 되었고, 특히 두브로브니크에 꼭 한번 가보고 싶다는 생각을 하게 되었다. 사실 크로아티아는 월드컵에서 우수한 성적을 거두어 인지도가 크게 높아졌다. 축구를 좋아하는 사람에게는 이 나라의 이름이 낯설지 않을 것이다. 그런데 '꽃보다' 시리즈로 크로아티아는 축구팬들의 관심을 넘어 우리나라 사람 누구나 방문하고 싶은 여행 선호지로 이름을 올리게 되었다.

아드리아해의 진주로 불리는 두브로브니크는 유럽인들이 죽기 전에 꼭 가보고 싶어 하는 여행지 1순위라고 한다. 유명한 극작가 버나드 쇼는 "두브로브니크를 보지 않고 천국을 논하지 마라."고 했다. 미국의 인기 드

라마 〈왕좌의 게임〉 촬영 장소로도 유명하다. 판타지 드라마인 〈왕좌의 게임〉은 초월적인 배경을 바탕으로 하는데 그만큼 두브로브니크의 풍경이 비현실적으로 아름답다는 의미일 것이다. 눈이 시리도록 푸른 아드리아해와 대조를 이루는 주황색 지붕의 집들은 그야말로 그림 같은 풍광을 연출한다. 두브로브니크는 유네스코 세계문화유산으로 지정되어 있는데, 유네스코는 국경을 초월하여 독보적이며, 현재와 미래세대 전 인류에게 공통적으로 중요한 의미를 지니는 자산을 문화유산으로 지정한다. 우리나라 문화유산으로는 고인돌, 남한산성, 석굴암과 불국사 등이 있다.

이렇게 크로아티아, 그중에서도 특히 두브로브니크는 예전부터 내 마음속에 있었다. 그런데 텍사스에 크로아티아에서 영감을 받아 디자인된 유럽풍의 마을이 있다는 것이 아닌가? 플레이노와 그리 멀지 않은 매키니(McKinney)라는 도시에 자리한 어드리아티카 빌리지(Adriatica Village)가 바로 그곳이다. 텍사스에서 크로아티아를 만날 수 있겠다는 생각에 흥분되었다. 기대를 안고 그곳으로 향했다.

어드리아티카 초입부터 주변과는 다른 경관이 나타나기 시작한다. 색다른 공간이 우리를 기다리고 있음을 짐작케 했다. 진짜 유럽의 어느 마을에 들어가는 것 같은 기분이었다. 두브로브니크 사진에서 보았던 것과 비슷한 느낌을 주는 주황색 지붕의 예쁜 집들이 줄지어 있다. 거리 바닥은 로마의 그것과 유사하게 벽돌 문양, 조약돌 문양으로 고풍스러운 자태를 뽐낸다. 관광지 같은 느낌을 주지만 실제 주민들이 거주하는 마을이다. 베란다에는 의자나 테이블 같은 것들이 놓여 있는데, 매일 아름다운 풍경을 만끽하는 주민들의 모습이 상상된다.

조금 더 마을 안쪽으로 들어가면 숨 막힐 듯한 풍경이 나타난다. "와" 하는 소리가 절로 나는 그림 같은 호수가 우리를 반겨준다. 운이 좋게도 하늘에 구름 한 점 없이 맑은 날 어드리아티카에 갔는데, 그 하늘과 견줄 만한 호수가 턱 하고 모습을 드러낸다. 이 아름다운 풍경 속에서 결혼사진을 찍고 있는 한 신부가 눈에 띄었다. 이 정도면 평생 간직할 사진의 배경으로 손색이 없을 듯하다. 아저씨 한 명이 호수 위에서 보드를 타고 가는 모습도 풍경과 잘 어우러졌다.

호수에 좀 더 가까이 다가가면 자라 혹은 거북, 둘 중 하나일 것 같은 생명체가 물 밖으로 고개를 끔뻑끔뻑 내민다. 더 가까이서 보려고 바로 앞까지 다가서면 물속으로 몸을 숨긴다. 한두 마리가 아닌데 사람들과 어우러져 살아가는 모습에 기분이 좋아진다. 너무 맑은 하늘에서 쏟아지는 태양이 가끔은 따갑게 느껴지기도 하지만 호수를 따라 걷다 보면 마음도 따사로워지는 기분이 든다. 남부 유럽의 지중해성 기후를 배우면서 여름 고온건조, 겨울 온난다습이라는 특성을 외웠던 기억이 난다. 맑은 날씨가 상대적으로 많지 않은 북부 유럽의 사람들은 여름이 되면 지중해의 태양을 찾아 휴가를 떠나는데, 여름 지중해가 바로 이런 곳일 듯하다. 그래서인지, 이 마을로 들어오는 길 이름도 '지중해길'이다.

호수 주변을 거닐다 카페에 들렀다. 주민들이 실제 살아가는 마을이다 보니 손님들은 커피를 마시거나 식사를 하러 온 동네 주민처럼 보였다. 이런 아름다운 호숫가에서 식사하려면 너무 비싸지 않을까 사실 좀 걱정이 되기도 했는데, 음식이 만족스러울 뿐만 아니라 가격도 합리적이었다. 어드리아티카 마을에 대한 호감도가 더욱 올라갔다.

그런데 한 가지 눈에 띄는 점은 그 식당에 아시아계 사람이 우리 가족뿐이었다는 사실이다. 우리 동네에 그렇게 많던 인도인도 전혀 보이지 않고 다른 인종을 찾기가 쉽지 않았다. 백인이 손님의 거의 전부였다. 다양한 인종이 어우러져 사는 미국이지만 장소별 주요 손님은 다르다. 약간은 씁쓸한 현실이다. 기분 탓일 수도 있지만 나도 일상생활에서 가끔은 차별받는 느낌이 들 때가 있다. 우리나라도 요즘 외국인들이 많이 유입되면서 다문화 사회가 되었다. 세계시민으로서 편견 없이 다른 인종이나 민족을 대하는 것은 정말 아무리 강조해도 지나침이 없다. 실제 차별받는 기분을 느껴 보면 그것이 얼마나 가슴에 사무치는 일인지 모른다. 다행스럽게도 이곳 카페에서는 우리를 친절하게 대해 주었고, 직원분이 "사진 찍어 드릴까요?"라고 물어보며 가족사진까지 찍어 주었다.

어드리아티카 빌리지에 대한 정보를 좀 더 찾아보았다. 이 마을은 제프 블랙커드(Jeff Blackard)라는 사람이 크로아티아에서의 경험에 감흥을 받아 그곳의 어촌 수페타르(Supetar)를 본떠서 만들었다고 한다. 같은 크로아티아 마을이라서 그런지 두브로브니크와도 비슷한 느낌이 난다. 사실 영감을 준 곳이 어디인가가 그렇게 중요한 것 같지는 않다. 중요한 건 내가 이곳에서 사진으로만 본 크로아티아에 간 것 같은 기분을 느낄 수 있었다는 점이다. 유럽 속의 크로아티아가 아니라 텍사스 속의 크로아티아라 더 특별한 감흥으로 다가왔다.

어드리아티카 마을의 아름다운 풍경

어드리아티카 마을의 아름다운 풍경
청명한 하늘과 호수, 그리고 집들이 잘 어우러진다. 아름다운 풍경 때문에 결혼사진을 찍는
사람들을 자주 볼 수 있으며, 수상 레저를 즐기는 모습도 매력적이다.

　어드리아티카 마을은 우리 집과 그리 멀지 않은 곳에 있어 시간이 날 때면 한 번씩 방문한다. 외부에서 손님이 찾아오면 꼭 함께 가 보는 곳이기도 하다. 그곳으로 이사를 해 볼까 하는 생각도 했다. 그러나 미국에서 계약이 끝나기 전 이사하는 건 너무 커다란 비용을 감수해야 해서 가끔 방문하는 것에 만족하기로 했다. 하지만 최선을 다해 풍경과 분위기를 눈과 마음에 담는다. 어드리아티카를 생각하면 마음이 평화스러워진다. 다양한 민족과 인종이 어우러져 더욱 아름다운 장면을 만들어내는 어드리아티카의 내일을 그려본다. 아름다움은 자연적 풍경뿐 아니라 그 속을 채우고 있는 사람들에게서도 나오는 법이다.

집사에
지원합니다

메이저리그에서 한국인 선수들의 활약이 대단하다. 박찬호로부터 시작된 계보는 추신수, 류현진, 김하성, 이정후로 이어지고 있다. 특히, 동양인이 타자로서 성공하기 힘들다는 편견을 깬 추신수 선수를 좋아한다. 추신수 선수는 텍사스 레인저스에서 오래 선수 생활을 했는데, 우리 동네와 그리 멀지 않은 사우스레이크(Southlake)에 집이 있다는 것 아닌가?

사우스레이크는 미국 전체에서도 부자 도시 중 하나로 꼽힌다. 부자 도시를 어떻게 정의하는가에 따라 순위는 달라질 수 있다. 하지만 도시 전체 인구의 중간 소득을 기준으로 한 조사에서 사우스레이크가 미국 1위를 차지할 때가 많다. 그 정도로 부유한 도시이다. 특히, 사우스레이크에는 유명한 운동선수가 많이 사는 것으로 알려져 있다. 추신수 선수 급정도 되면 이런 동네에 사나 보다.

미국 최고 부자 동네라는데, 그곳에서 살지는 못해도 어떤 동네인지 보기라도 해야지 싶었다. 내비게이션에 추신수 선수 집이 있다는 동네 이름을 넣고 무작정 가 보았다. 추신수 선수가 동네에서 산책이라도 하고 있기를 바랐지만 당연히 그런 일은 일어나지 않았다. 지금 한국 프로야구에서 뛰고 있잖아! 추신수 선수는커녕 도착한 곳에 있는 집이 추신수 선수의 집처럼 보이지도 않았다. 사진에서 본 추신수 선수 집과 완전히 달라 보였다. 그래도 미국 최고 부자 동네라고 하니 집들이 과연 어떻게 생겼는지, 동네 분위기는 어떤지 천천히 둘러보았다.

사실 내가 사는 아파트 바로 옆에도 커다란 저택들이 있다. 도로 하나만 건너면 있는 곳이라 그쪽으로 자주 산책을 다닌다. 집 마당에 수영장과 농구장이 있고, 창문 안으로 보이는 거실이 얼마나 큰지, '저런 집에서는 고함을 질러야 소리가 들릴까?'라는 생각도 했다. 집에서 무전기로 서로 대화하는 그들만의 문화가 있을지도 모른다. 물론 사우스레이크에는 큰 저택들이 더 많다. 그런데 우리 동네 대저택과 사우스레이크 대저택의 가장 두드러진 차이점 한 가지를 발견했다. 그건 바로 사우스레이크 집들 사이의 거리가 훨씬 멀다는 점이다. 집들이 상당히 듬성듬성 자리 잡고 있어 자신의 구역에는 자신들만 살고 있다. 물리적인 경계인 울타리도 확실하게 설치되어 있어 나 같은 구경꾼은 멀리서 바라만 볼 수 있었다. 우리 동네의 일반적인 주택들은 보통 울타리가 없고 도로에서 바로 정문으로 들어가는 경우가 많다. 영화나 드라마에서 진짜 부잣집은 정문에 들어서고 나서도 한참을 또 들어가야 하는 장면을 본 적이 있을 거다. 사우스레이크의 집들이 그렇게 집 주변에 넓은 부지를 확보하고 있는 경우가 많았다. 어떤 집 옆에는 널따란 잔디밭에 말 몇 마리가 뛰어다니는 곳도 있는데 그런 집에서는 애완용으로 말을 기르는 걸까?

주말이면 아들이 좋아하는 닌자 키즈라는 어린이 카페에 한 번씩 간다. 엄청나게 넓은 공간에 각종 트램펄린이 있어 아이들이 신나게 뛰어놀 수 있는 곳이다. 그런데 우리 집에서 닌자 키즈에 가기 위해 사우스레이크를 거쳐 그 옆 동네인 콜리빌(Colleyville)이라는 곳을 지나간다. 콜리빌도 사우스레이크 못지않게 부촌이면서 살기 좋은 동네로 꼽힌다. 사실 개인적으로는 이 동네에 더 매력적인 집들이 많아 보였다.

하루는 천천히 콜리빌의 집들을 구경해 보았다. 역시 규모가 어마어마하다. 사우스레이크 못지않다. 개성 있는 집들이 고고한 자태를 뽐내고 있다. 저런 집에는 누가 살까 궁금하기도 하고 들어가 보고 싶기도 하여 기웃거려 본다. 마침 저쪽으로 예쁜 집 하나가 눈에 띈다. 워낙 정원이 커서 집을 가까이서 보기는 어렵다. 바깥에서 넋을 잃고 바라보고 있는데 철장으로 된 담벼락에서 이런 문구를 발견했다.

Zebras will bite strangers.

헉! 이럴 수가. 이 집은 얼룩말을 기르는 거야? 애완용 얼룩말이라니! 그냥 유머러스하게 방범용으로 써 놓은 문구인가? 진짜 얼룩말이 있다면 우리를 stranger로 보겠지? 얼룩말이 물기도 하나? 오늘 흰색, 검은색 줄무늬 옷을 입고 왔는데, 무늬가 비슷하니 혹시 날 친구로 생각할 가능성은 없을까? 당근을 가지고 올 걸 그랬나? 별의별 생각을 다 해 본다.

사우스레이크와 콜리빌의 집을 구경하는 건 마치 관광을 하는 것 같다. 집만 구경하는 데도 유명한 관광지를 돌아보는 것 같은 느낌이 든다. 이런 집에 산다는 건 어떤 기분일까? 소시민의 사고를 벗어나지 못한 나는 현실적인 걱정이 먼저 떠오른다.

첫째, 이런 집들은 잔디를 어떻게 깎을까? 텍사스에서는 잔디 깎는 것이 보통 일이 아니다. 너무 무럭무럭 자라기 때문이다. 그냥 맘 내킬 때 적당히 깎으면 되지 않겠나 하고 생각할 수 있겠지만 제대로 관리하지 않으면 경고를 받게 된다고 한다. 그래서 최소한 일주일에 한 번 정도는 깎아 줘야 하는데, 그게 보통 힘든 게 아니다. 엄청난 양으로 쌓여가는 잔디를 담을 봉투를 사는 것도 일이다. 본인이 직접 깎다가 육체의 고단함과 봉투 비용 등 여러 가지를 고려하여 결국 업체에 맡기는 경우가 많다고 한다. 아파트에서는 관리실에서 알아서 해 주니 그건 편하다. 우리 아파트는 월요일마다 잔디를 깎는데 그날에는 차를 잔디에서 먼 곳에 주차해둔다. 그래야 차가 잔디를 덮어쓴 양처럼 되는 걸 막을 수 있다.

둘째, 이런 집들은 나무를 어떻게 관리하고 낙엽은 어떻게 치울까? 텍사스 주택가에는 울창한 나무들이 많다. 집집이 커다란 나무 한두 그루는 다들 있는 듯하다. 보기에 아주 아름답다. 정말 자연을 사랑한다고 생각했다. 그런데 그렇게 집 정원에 나무를 유지하는 것이 의무라고 한다. 그런데 나무를 건강하게 잘 유지하는 게 생각보다 신경이 쓰이고, 때로는 비용도 많이 든다. 게다가 가을이 되면 엄청나게 잎이 떨어지는데, 그걸 계속 치워 주어야 한다. 최근 미국의 일상을 배경으로 한 영화에서 낙엽

사우스레이크의 저택
저 집이 추신수 선수가 사는 곳은 아니겠지? 방은 도대체 몇 개일까?

청소를 하지 않는다고 이웃의 불평을 듣는 장면을 보았다. 계속 떨어지는
낙엽 치우는 것도 보통 일이 아닐 것임이 분명하다.

　내 집도 아닌데 별 쓸데없는 걱정을 다 한다. 저런 집에 살고 싶은 욕
구를 의도적으로 짓누르는 무의식의 작동이 아닌가 싶기도 하다. 계산기
를 두드려 보니 이번 생에 저 동네 집을 사기는 어려울 것 같다. 숨만 쉬고
월급을 다 모아도 주인이 되는 건 불가능하다. 방법이 없을까? 맞다, 저런
대저택에는 집사가 있어야 할 것 같다. 방금 이야기한 그 일들을 주인이

콜리빌의 저택
분수가 아름다운 정원에 들어가 가까이서 집을 보고 싶다.

다 할 수는 없잖아? 집사 구하는 광고를 찾아봐야겠다. "저 나름 성실하고

부지런해요!"

못 말리는
'텍부심'

텍사스는 Lone Star State이다. 하나의 별, 외로운 별, 고독한 별이다. 텍사스 주기(州旗)를 보면 파란색 바탕에 흰색 별 하나가 고고히 자태를 뽐내고 있다. Lone Star라는 이름은 미국 정부의 도움을 받지 않고 스스로 멕시코로부터 독립한 역사 등과 관련된다. 그러나 나에게 있어 Lone Star State는 '천상천하 유아독존 텍사스'로 읽힌다.

텍사스 사람, 텍산(Texan)의 텍사스 사랑은 유별나다. 텍사스 부심, '텍부심'이 보통이 아니다. 자기가 살던 곳이 아닌 다른 주로 대학을 가면 기숙사 방에 출신 주의 깃발을 걸어 놓는 유일한 학생들이 텍산이라는 말을 들은 적이 있다. 텍사스에는 미국기와 텍사스기를 동시에 게양하고 있는 곳이 많다. 우리 아파트 정문에도 이 두 개의 깃발이 항상 함께 나부낀다. 텍사스 거리 곳곳에서 텍사스기를 찾는 건 아주 쉬운 일이다. 다른 주에서도 이 정도로 자신의 주기를 곳곳에 게양하는지 모르겠다. 텍사스 지도 문양을 장식으로 달고 다니는 차도 많다. 'Native Texan'이라는 문구를 번호판에 새긴 차도 본 적이 있다. 순수 혈통 텍산임을 꼭 알리고 싶었나 보다. 온갖 물품들을 텍사스 주 모양으로 만든다. 그중에서도 텍사스 모양으로 잘라 놓은 소고기가 특히 기억에 남는다. 소고기가 유명한 텍사스에서 소고기로 만든 텍사스 모양이라니 참 아이디어도 좋고 모양도 그럴싸하다고 느꼈다.

텍산들의 심상 지도도 재미있다. 한 심상 지도에는 미국 남부의 넓은 범위에 걸쳐 자신이 텍산이라고 생각하는 사람들이 사는 영역이 존재하고, 다른 많은 부분에는 텍산이 되고 싶어 하는 사람들이 분포한다. 텍사스 중심 사고가 너무 명확하게 드러난다. 또 다른 심상 지도에서는 텍사스가 미국 전체의 거의 대부분을 차지하는 모습을 볼 수 있었다. 다른 곳에 대한 인식이 거의 없는 서울 아이들의 우리나라 심상 지도에 북한, 서울, 지방만 존재하는 '웃픈' 상황이 떠오른다.

이런 텍사스에서 텍사스 독립기념일이 얼마나 중요하겠는가? 3월 2일이 멕시코로부터 텍사스 독립 선언을 축하하는 기념일이다. 당연히 텍사스 독립기념일 축제가 열린다. 축제가 열리는 더 콜로니(The Colony)라는 도시에 가 보았다. 인파가 장난이 아니다. 음악과 사람들의 함성이 공간을 가득 채우고 있다. 카우보이 복장으로 거리를 활보하는 사람이 여럿 보인다. 커다란 전광판에서는 텍사스와 관련된 정보를 Texas Facts라는 제목으로 계속 내보낸다. 예를 들어, 텍사스의 공식 꽃은 블루보닛이다. 텍사스에서 자생하는 생명력이 강한 야생화다. 매년 4월이면 에니스(Ennis)라는 도시에서 블루보닛 축제가 열린다. 텍사스의 상징 동물은 아르마딜로이다. 그래서 축제에서 아르마딜로 경주 시합도 하는데, 인기가 좋다. 아르마딜로가 말을 잘 듣지 않아 경주에 제대로 참여하게 하는 것 자체가 일이다. 관객들은 관계자가 아르마딜로를 부여잡고 쩔쩔매는 모습을 즐긴다. 이런 시간을 통해 텍사스에 대한 여러 정보를 자연스럽게 학습한다.

가장 긴 줄이 있는 곳은 얼굴에 페인팅을 해 주는 곳이다. 기대 이상으로 수준 높은 문양을 얼굴에 그려준다. 줄이 너무 길어 어른들은 아이들에게 자리를 양보한다. 그런데 아이들만 해도 그 수가 엄청나서 한참을 기다려야 순서가 돌아온다. 우리 아이도 얼굴에 예쁜 텍사스 무늬를 새겨 넣었다. 그리고서는 다음 날까지 얼굴 페인팅을 지우지 않으려 했다. 한국에 있는 온갖 친지들에게 전화해서 자랑을 했다. 이곳에 온 지 일 년도 채 되지 않았는데 벌써 텍사스 사람이 다 됐다.

플레이노에서는 텍사스 영원 축제(Texas Forever Fest)가 열린다. 영원한 텍사스를 위한 축제라니 이름부터 심상치 않다. 커다란 무대에서 계속 공연이 진행되는 건 기본 옵션이다. 사람들은 각자 가지고 온 캠핑에서 쓰는 간이용 의자를 편한 곳에 두고 공연을 즐긴다. 온종일 다양한 장르의 음악이 연주되는 공간에는 흥겨움이 가득하다. 마치 휴가를 온 듯 축제에 참여하고 있다. 중앙 무대가 아니라도 곳곳에서 특이한 공연과 체험 활동이 펼쳐진다. 가장 눈길을 끄는 것 중의 하나는 텍사스 카우보이들이 줄을 던져 소를 잡는 걸 체험해 보는 곳이었다. 물론 진짜 소를 잡는 건 아니고 나무로 된 모형 소에 줄을 던져 끌어 볼 수 있게 한다. 다큐멘터리 같은 데서 보면 빠르게 달리는 동물에게 긴 줄을 던져 잽싸게 낚아

채는 것이 그리 어렵지 않아 보였다. 하지만 실제 해 보면 그게 얼마나 대단한 기술인지 알 수 있게 된다. 멀리 줄을 던지기는커녕, 가까운 곳에 멈춰 있는 소의 뿔에도 줄을 걸기가 어렵다. 처음에는 커다란 원의 형태로 되어 있는 줄을 뿔 근처에서 작은 원으로 만들어 뿔을 꽉 잡아야 한다. 그런데 막상 던져 보면 목표물에 가까이 가기도 전에 원이 작아져 버리거나 줄이 닿지도 않는다. 줄 던지기 시범을 보이는 카우보이 복장의 사나이는 마치 자기 몸의 일부처럼 줄을 다룬다. 아이들은 잘 되거나 말거나 이 놀이를 무척 즐긴다. 텍사스 카우보이의 유전자가 자연스럽게 이식된다.

푸른색 복장을 한 어린 치어리더들의 공연에도 눈길이 갔다. 프로 미식축구 팀인 댈러스 카우보이를 응원하는 미래의 치어리더라고 한다. 농구장에 갔을 때 성인 치어리더들의 공연을 본 적이 있다. 정말 "와우" 하는 감탄이 절로 나올 정도로 화려하고 역동적인 움직임에 놀랐다. 하지만 이 미래의 치어리더들은 그저 귀엽다. 사실 응원 동작들이 전혀 맞지도 않고 제각각이다. 각자 아장아장 자신의 속도와 리듬에 맞추어 움직인다. 그러나 "어머" 하는 감탄이 절로 나오게 귀엽다. 이렇게 그곳의 사람들은 텍사스 미식 축구팀, 댈러스 카우보이의 팬이 된다. 축구팀을 위한 공간도 마련되어 있는데 축구공과 유니폼을 경품으로 준다.

다양한 부스에서는 텍사스와 관련되는 물품을 판매한다. 텍사스 문양이 기본이다. 온갖 곳에 들어 있는 텍사스주 모양이 나름 잘 어울린다. '텍부심'이 가장 두드러진다고 느꼈던 건 '이중국적(Dual Citizenship)'이라는 문구와 함께 텍사스와 미국 지도를 나란히 그려 놓은 티셔츠였다. 세

텍사스 독립 기념일 축제
텍사스에 대한 정보를 접하고 텍사스 사랑을 새겨 넣는 장소이다.

계 음식 축제가 열리면 미국 음식 부스가 있음에도 텍산들은 텍사스 부스
를 따로 차린다는 이야기가 있다. 미국 속의 텍사스가 아니라 텍산으로서
자신의 존재감을 독립적으로 드러내고 싶은 것이다. 미국 시민이면서 텍
사스 시민인 것을 독립적인 두 개의 정체성으로 나타내고자 하는 텍산의
마음을 단적으로 드러낸 문구가 이중국적(Dual Citizenship)이라 느껴
졌다.

　이런 분위기의 텍사스에 있다 보니 나도 점점 '텍부심'이 생긴다. 다른
주로 여행할 때 어디서 왔냐고 물어보면 괜스레 목소리를 좀 더 크게 하

면서 텍사스에서 왔다고 말하는 나 자신에 놀라게 된다. 경제, 문화, 교육, 스포츠 등 다양한 분야에서 점점 더 영향력이 커지는 텍사스를 보면 왠지 기분이 좋아진다. 예전에는 별로 관심도 없었는데 말이다. 이렇게 나도 텍산이 되어가는 건가.

텍사스 영원 축제(Texas Forever Fest)
텍사스의 영원한 번영을 기원하는 음악, 활동, 기념품이 가득한 축제이다.

Part 4.

뜻밖의

만남

거장의
미술관을 만나다

"그 참 이상하지 않소? 이 성(城)은 그냥 하나의 성이오. 그런데 햄릿이 여기서 살았다고 생각하는 순간 이 성은 전혀 다른 성으로 느껴지니, 그 참 이상한 것 아니오? 생각 때문에 같은 장소가 전혀 다른 장소로 변해 버린다니 말이오!"

이 푸 투안이 '공간과 장소'라는 책에서 소개한 닐스 보어의 이야기이다. 생각에 따라 같은 곳도 완전 다르게 느껴질 수 있다는 뜻이다. 포트워스에 위치한 미술관들이 나에게 그런 곳이다. 포트워스에 있는 박물관을 몇 번 방문한 적이 있다. 집에서 그곳까지 가는 경로를 지도에서 살펴보면서 가까이에 미술관들이 몰려 있는 걸 보았다. '여기 박물관이랑 미술관이 많이 몰려 있네? 시간 되면 미술관들도 한 번 가 보아야지.' 하는 정도의 생각을 했다. 길옆으로 지나쳐 가면서도 '저게 그 미술관인가?' 하는 정도의 생각만 했다. 그런데 어느 날, 이곳의 미술관들이 거장들이 디자인한, 세계적으로 유명한 건축물이라는 사실을 알게 되었다. 그리고 그것들을 바라보는 내 마음이 달라졌다.

킴벨 아트 뮤지엄(Kimbell Art Museum), 렌조 피아노 파빌리온 (Renzo Piano Pavilion), 포트워스 현대 미술관(Modern Art Museum of Fort Worth)이 포트워스 문화 지구에 자리 잡고 있다. 킴벨 아트 뮤지엄은 루이스 칸이 디자인한 건물로 유럽 고전 작품들을 전시한다. 바로 옆에 있는 렌조 피아노의 건축물 파빌리온은 킴벨 미술관의 별관이다. 이들과 지척에 있는 포트워스 현대 미술관은 안도 다다오가 디자인한 건물로 제2차 세계대전 이후의 현대 작품을 전시한다. 경건한 마음으로 세계적인 건축 거장들의 작품을 만났다. 그리고 그 건축물 안에 전시된 세계적인 예술 거장들의 작품도 만났다.

미술관으로 향한 것은 금요일이었다. 금요일에 포트워스 현대 미술관 무료 입장이 가능하기 때문이었다. 킴벨 아트 뮤지엄과 렌조 피아노 파빌리온의 상설 전시 관람은 요일과 관계없이 무료이다. 한꺼번에 너무 많은 작품을 보기에는 무리가 있을 듯하여 일단은 무료 관람이 가능한 작품들만 보기로 하고 금요일을 디데이로 정했다.

먼저 포트워스 현대 미술관에 도착했다. 개장까지 시간이 조금 남아 미술관 건물을 좀 자세히 둘러보려고 길가에 주차를 하고 주변을 어슬렁거렸다. 그런데 커다란 경찰차에 타고 있던 덩치 큰 흑인 경찰관이 손짓하며 나를 부른다. 미국에서 경찰을 만나는 건 항상 긴장되는 일이다. 뭐 잘못한 게 있나? 떨리는 마음으로 그쪽으로 걸어갔다.

"여기서 뭐 하는 겁니까?"

"미술관 관람하러 왔는데 아직 개장 전이라서요. 그리고 주차할 곳도 찾고 있어요. 혹시 여기에 주차해도 되나요?"

"미술관에 왔으면 여기 주차해도 괜찮아요."

"오, 감사합니다!"

대화가 끝나자마자 길가에 주차해둔 차로 향했다. 방금 경찰관이 합법적으로 주차해도 된다고 알려준 그곳으로 차를 옮기기 위해서였다. 경찰에게 거짓말하면 안 된다. 나를 지켜보고 있는 것 같았다. 나를 테러범으로 의심할 수도 있다. 차를 몰고 곧장 그 경찰차가 지키고 서 있는 주차장 입구 쪽으로 갔다. 그 앞에서 다시 차를 세운다. 다시 보니 이상하게 반가운 마음이 생겼다. 창문을 내리고 손을 흔들자 웃으며 들어가라고 한다. 험상궂고 무섭게 생겼지만 마음은 따뜻한 아저씨 같다. 저런 포스로 미술관을 지키고 있으면 나쁜 마음을 먹기가 쉽지 않을 것 같다.

포트워스 현대 미술관은 건물과 자연의 조화를 강조하는 안도 다다오의 정체성을 잘 드러낸다. 미술관 벽면이 유리로 되어 있는 곳이 많아 내부와 외부가 연결되는 느낌을 준다. 건물 외부에 넓게 펼쳐져 있는 연못과 미술관 바닥이 같은 높이라 마치 미술관이 물에 떠 있는 느낌도 준다. 연못에 비친 미술관의 모습이 아름답고, 햇빛을 받아 미술관 안의 벽과 천장에서 반짝이는 연못의 모습은 더 아름답다. 무엇보다 미술관 및 주변 환경과 전시된 작품이 유기적으로 상호작용하는 모습이 인상적이다. 제니 홀저(Jenny Holzer)의 'Kind of Blue'라는 작품은 그 중의 백미다. 글자들이 바뀌어 가며 줄줄이 움직이는 작품 자체도 눈길을 끄는데, 이 글자들이 미술관 유리창을 넘어 연못까지 쭉 이어져 나간다. 미술관과 주변 풍경이 작품 일부로 활용되는 것 같다. 미술관 공간에 따로 담겨진 예술 작품이 아니라 미술관 공간과 예술 작품이 혼연일체가 된다. 물리적 미술관과 물리적 예술 작품, 연못에 비친 미술관과 연못 위에 비친 글자, 이 둘이 같으면서도 다른 데칼코마니 같다. 제니 홀저의 작품 바로 옆 공간에서 연못을 바라보고 있는 조각상은 마치 이렇게 작품과 주변 풍경을 함께 바라보라고 알려주는 것 같았다.

포트워스 현대 미술관에는 흥미로운 작품들이 많다. 나는 특히 두 작품에 마음이 끌렸다. 안젤름 키퍼(Anselm Kiefer)의 'Book with Wings'는 책을 통해 날아오를 수 있는 자유를 형상화한다. 책을 통해 수없이 많은 지성을 만나고, 시대와 공간을 넘나들며 진정한 자유로움을 얻을 수 있는 것이 아닌가 하는 생각이 들었다. 마틴 퍼이어(Martin Puryear)의 'Ladder for Booker'는 왠지 좀 슬픔을 느끼게 하는 작품이다. 높이 올라가기 위한 사다리가 치솟아 있다. 그러나 첫걸음부터 쉽지 않아 보인다. 공중에 떠 있기 때문이다. 그리고 구불구불한 사다리는 위로 올라갈수록 점점 좁아진다. 무엇인가를 이루기 위한 험난한 여정을 상징적으로 보여주는 것 같다. 실제 이 작품은 흑인 노예들이 시민으로서의 권리를 얻기 위한 어려움을 나타낸다고 한다. 이들 이외에도 의미를 곰곰이 생각해 보게 하는 작품들이 미술관 공간을 수놓고 있다. 이후 포트워스 현대 미술

(위) 제니 홀저(Jenny Holzer)의 'Kind of Blue'
미술관 내부를 넘어 바깥 연못으로까지 이어지는 듯한 작품은 미술관 및 주변 환경과 혼연
일체가 된다.
(아래) 안젤름 키퍼(Anselm Kiefer)의 'Book with Wings'
책을 통해 훨훨 날아가는 진정한 자유를 얻을 수 있다.

마틴 퍼이어(Martin Puryear)의 'Ladder for Booker'
무엇인가를 이루는 것은 이런 사다리를 타고 올라가는 것처럼 쉽지 않은 여정일 수 있다.

관을 다시 방문했을 때는 대부분의 전시 작품이 다른 것으로 바뀌어 있었다. 자주 가 보고 싶어지는 곳이다.

킴벨 아트 뮤지엄으로 발길을 옮겼다. 걸어서도 금방 갈 수 있는 거리다. 1972년에 지어진 건물이지만 지금까지도 시대의 걸작으로 추앙받고 있다. 그런 건축물을 직접 만난다는 생각에 마음이 설렌다. 드디어 사진으로만 보던 그 뮤지엄을 직접 눈에 담는다. 햄릿의 성을 만난 닐스 보어처럼 왠지 가슴이 웅장해지는 듯한 느낌이 들었다. 킴벨 미술관은 반복적인 터널 볼트(tunnel vault) 구조, 그리고 빛의 간접 조명을 받아 은색으로 빛나는 천장의 노출 콘크리트가 유명하다. 미술관 외부의 수경 공간도 조화로움을 더해준다. '저게 그 유명한 볼트 구조란 말이지?'라는 생각을 하면서 먼저 미술관 바깥 전체를 크게 한 번 둘러보았다. 외부 콘크리트 벽면의 구조나 무늬 등도 눈여겨보았다. 이 미술관을 디자인할 당시 루이스 칸의 고뇌를 느껴보고자 했다. 사실 킴벨 아트 뮤지엄이 처음 만들어졌을 때, 그 모양 때문에 격납고, 롤케이크, 콘크리트 비닐하우스 등과 같다는 혹평을 듣기도 했다고 한다. 하지만 지금 보면 그저 아름답게 느껴진다. 화려함보다는 단순함이 돋보이고, 보면 볼수록 더욱 매력이 느껴지는 것이 마치 중독성이 큰 '슴슴한' 평양냉면 같은 건축물이다.

킴벨 아트 뮤지엄은 외부도 아름답지만, 실내에 들어가 천장을 보는 순간, 이 미술관이 왜 그렇게 걸작으로 추앙받는지를 더욱 절실하게 느낄 수 있다. '콘크리트의 빛깔이 저렇게 아름다울 수 있는가?'라는 생각이 절로 든다. 반복되는 건물 구조로 인해 오묘한 은색 빛의 천장이 미술관 전체를 일정한 패턴으로 덮고 있다. 은색의 아름다움이 반복되는 이 패턴은 큰 감흥을 준다. 그 모습이 신비롭다. 천장만 바라보며 한참을 걸어 다녔다. 자연 빛을 이용해 콘크리트를 은으로 만드는 마법을 부린 것처럼 느껴진다. 이런 천장은 아래에 전시된 예술품들을 더욱 고귀하게 느껴지도록 했다. 킴벨 아트 뮤지엄을 루이스 칸이 태양신에게 바치는 제물이라고 한다는데 그 이유를 알 것 같다.

킴벨 아트 뮤지엄 맞은편에 렌조 피아노의 파빌리온이 자리 잡고 있다. 렌조 피아노도 워낙 유명한 세계적 건축가라 건물을 유심히 바라볼 수밖에 없었다. 렌조 피아노가 루이스 칸에게 영향을 받았다고 하니 두 건축가의 디자인을 비교하는 것도 흥미로운 포인트가 될 수 있을 것 같았다. 파빌리온의 첫 느낌은 루이스 칸의 건물과 유사하게 같은 구조가 반복되는 패턴의 미학이 눈에 띈다는 것이었다. 하지만 좀 더 투명한 유리 천장, 그리고 좀 더 세밀한 무늬의 반복이 다르게 보였다. 건축가의 이름처럼, 천장의 반복 패턴들이 피아노 건반처럼 느껴졌다. 음악 선율이 잘 어울릴 듯한, 예쁜 미술관이었다. 피아노에 들어가듯 파빌리온 안쪽으로 들어가 본다. 정문에 있는 할머니 안내원이 반갑게 맞아 주었다.

"특별 전시회 보러 왔나요?"
"아…, 네…."
"그럼 저기에 가서 티켓을 구매하고 저 오른쪽으로 들어가면 됩니다."

(위) 킴벨 아트 미술관 외부
터널 볼트가 반복되는 구조의 미학을 볼 수 있다.
(아래) 킴벨 아트 미술관 내부
햇빛의 간접 조명으로 은은하게 빛나는 아름다운 천장이다. 미술관 전체가 이런 천장으로
디자인되어 있어 공간을 고급스럽게 만든다.

렌조 피아노 파빌리온
마치 피아노 건반 같은 지붕의 반복 패턴이 인상적이다.

"아, 그건 유료인가요? 무료 전시는 없나요?"

"저기 왼쪽으로 가면 상설 전시가 있는데 그건 무료예요."

"네, 감사해요. 전 그거만 볼게요."

온화한 미소를 지으며 이것저것 친절하게 설명해 주셔서 사실 좀 감동 받았다. 미국에서 만나는 할머니들은 대체로 친절한 것 같다. 그래서 난 물어볼 게 있으면 주변에서 할머니를 먼저 찾는다. 이 방법, 추천이다.

평소 음악이나 미술 등 예술에 조예가 깊은 사람을 보면 참 부러웠다. 그런데 이번에 거장들의 건축, 그리고 그 안의 예술 작품들을 보면서 나도 아름다움을 '느끼는' 순간 정도는 맞이할 수 있겠다는 생각이 들었다. 사실 예전에는 유명하다는 작품을 봐도 '흠, 이게 그 유명한 그거구나.' 하고 숙제하듯 지나칠 때가 많았다. 예술을 받아들이려는 마음 자세부터가 제대로 되어 있지 않았던 것 같다. 아직까지 예술에 대한 조예는 전혀 없지만, 일단 느낌을 가질 수 있다는 것만 해도 나름 성장이라는 생각이 든다. 앞으로 더 많이 공부하면 느끼는 감흥도 더욱 커지고 교양도 늘어가지 않을까?

로버트 루트번스타인과 미셸 루트번스타인의 『생각의 탄생』이라는 책은 나에게 큰 영향을 준 책 중의 하나이다. 이 책은 시대를 뛰어넘는 훌륭한 생각이 어떻게 만들어졌는지에 대한 다양한 사례를 제시한다. 핵심은 위대한 생각은 자신의 분야를 넘어 다른 분야로 관심을 확장하고 경계를 넘어야 탄생할 수 있다는 것이다. 훌륭한 과학자들은 미술, 음악에 대한 상당한 수준의 조예를 가지고 있다. 위대한 예술가들의 작품은 과학적인 원리를 바탕에 두고 있다. 완전히 동떨어져 보이는 과학과 예술이 만나 시대를 앞서가는 새로운 생각이 탄생하는 것이다. 혁신적이고 창조적인 것은 이렇게 만들어진다는 것이다. 그래서 나도 막연히 예술 분야에 호기심 정도만을 가졌던 수준에서 좀 더 실질적으로 그 문을 두드려 보아야겠다고 생각하게 되었다. 이렇게 마음먹으니 예전보다 훨씬 더 적극적으로 관심을 가지게 되고 느끼는 정도도 달라졌다.

세계적으로 유명한 미술관들이 텍사스에 있다는 것은 우연한 축복이었다. 하지만 관심이 없었다면 그냥 지나치고 말았을 콘크리트 덩어

리였을지도 모른다. 좀 더 열린 마음으로 다양한 분야에 관심을 가지자. 『생각의 탄생 Ⅱ』가 출판되고, 거기에 소개된 혁신가 중 한 명이 당신일 수 있다.

내 인생
가장 멋진 하루

새해가 밝았다. 새해가 되면 보통 부모님을 뵈러 고향으로 간다. 그런데 미국에 있어 마음은 고향에 가지만 실제 몸이 가기는 어려웠다. 그래서 텍사스에서 내 마음의 고향을 찾아갔다. 유학 시절을 보냈던 칼리지 스테이션(College Station)이다. 한국 사람들은 '칼촌'이라 부른다. 2011년에 졸업하고, 2012년 1월에 한국으로 돌아온 후 처음으로 다시 가 보는 것이니 10년이 훌쩍 넘었다. 플레이노 집에서 칼촌까지 3시간 30분 정도 걸린다. 집에서 출발해 2~3시간 정도, 약간은 지루한 텍사스 고속도로를 무념무상으로 쭉 달려갔다. 사실 좀 졸렸다.

그런데 텍사스A&M대학교(Texas A&M University, TAMU) 캠퍼스까지 30분 정도 남았을 때인가, 브라조스 카운티(Brazos County)라는 표지판이 나타났다. 칼촌이 위치하고 있는 카운티다. 갑자기 가슴이 쿵쾅쿵쾅 뛰기 시작하고 잠이 확 깬다. 단순한 글자 몇 개의 힘이 그렇게 큰가 하는 생각이 들었다. 조금 더 달려가니 애기랜드(Aggieland)라는 표지판이 나타난다. TAMU 학생들을 Aggies라 부르고, 캠퍼스를 Aggieland라하기에 학교 다니는 동안 수없이 들었던 단어다. 완전 각성 상태가 된다.

곧장 TAMU 캠퍼스로 내달렸다. 내가 주로 머물렀던 O&M 빌딩은 캠퍼스에서 제일 높은 건물이라 멀리서도 금방 눈에 띈다. 미국에서 가장 넓은 캠퍼스를 가지고 있다는 TAMU에는 고층 건물이 별로 없다. 땅이 너무 넓어 고층 건물을 지을 필요가 없기 때문이다. 사실 칼촌 전체에 높은 건물이 별로 없다. 그런데 O&M 빌딩에는 기상학과가 있어 건물을 높게 지었다는 이야기가 있다. 박사과정 시절, 이 빌딩의 8층에 연구실이 있어 높은 층에서 캠퍼스를 내려다보는 호사를 누렸다. 캠퍼스에서 몇 명 누리지 못하는 특권이다.

O&M 빌딩에 도착했다. 세월의 흔적이 조금 더 묻었지만, 건물은 10여 년 전과 똑같았고 표지판도 그대로였다. 겨울 방학인데다, 1월 1일이라 학교 전체가 조용하다. 캠퍼스에 사람은 없고, 심지어 건물도 잠겨 있어 들어갈 수가 없다. 썰렁하고 적막하다. 하지만 내 마음속에는 예전 이 장소에 있는 내 모습과 그때의 감정들이 주마등처럼 스쳐 지나간다.

참으로 많은 애환이 서린 곳이다. 처음 미국에 와서 이 건물 근처에만 가도 긴장이 됐다. 들어가기 전 심호흡을 하고 마음의 준비를 해야 했다. 첫해에는 여름방학, 겨울방학 모두 한국에 다녀왔다. 이후에는 자주 가지 않았지만, 유학 초창기에는 방학 동안 한국에 가서 마음을 회복하지 않으면 견딜 수가 없었다. 한국에 다녀온 후에는 O&M 빌딩의 연구실에 올라가기 전까지 며칠을 주변에서 서성거렸다. 처음에는 머릿속으로 집에서 연구실까지 가는 가상 시뮬레이션을 한다. 다음에는 실제 건물 정문 정도까지 가서 마음을 다잡고 다시 집으로 돌아간다. 그리고 그다음에는 건물 주변을 좀 거닐다 돌아간다. 그렇게 며칠을 준비해야 들어갈 수 있었다. 그랬던 곳이다. 그래도 거의 하루도 빠짐없이 연구실에 나갔고, 자정에 가까울 때까지 있었던 적이 많다. 겨울에도, 그리고 공휴일에도 연구실에 갔었기에 O&M 빌딩의 차가운 공기와 적막함이 낯설지 않다. 주먹을 꽉 쥐고, 이를 꽉 깨물고, 그 시간을 견뎠다. 지금 생각해도 그때의 내가 장하다. 토닥토닥.

문이 잠겨 있어 들어가지 못해 아쉬웠는데, 마침 건물로 들어가는 동양인이 보였다. 이런 날에는 보통 동양인들만 학교에 온다. 한국 사람인지, 중국 사람인지 구별하기 어려워 아는 척을 하지는 않았다. 조용히 그 사람을 따라 건물로 들어갔다. 연구실이 있었던 8층의 모든 곳은 문이 잠겨 있다. 한 곳 문이 살짝 열린 곳이 있는데 학과 키친이다. 반갑다! 아침에 집에서 플라스틱 박스에 흰 쌀밥을 담아 3분 카레와 함께 가지고 왔었다. 가끔 3분 짜장도 먹었지만 3분 카레가 더 좋았다. 점심시간이면 이곳 키친에 와서 3분 카레를 쌀밥 위에 붓고 전자레인지에 돌린 후, 3분보다 짧은 시간에 다 먹었다. 한 번씩 장을 보러 가면 3분 카레를 30개씩 샀다. 주인아주머니는 진짜 다 사는 거냐고 물어보곤 하셨다. "네 맞아요." 룸메이트와 같이 살았던 적도 있는데 "너 방부제 많이 먹어서 죽어도 안 썩을 거야."라고 말하곤 했다. 그 키친이 그리고 그때의 전자레인지가 그 자리에 그대로 있었다. 너무 반가워서 울 뻔했다.

캠퍼스도 한 번 걸어 봤다. 자연지리 랩 조교를 하면서 O&M 빌딩 앞쪽 잔디밭에서 학생들과 고도 측정을 했던 기억이 난다. 도서관 가는 길도 익숙하다. 연구실에서 도서관까지, 그리 멀지는 않지만 참 많이도 걸었던 곳이다. 무더운 텍사스 여름에 땀을 뻘뻘 흘리며 걸었다. 텍사스도 겨울에는 춥기에 옷깃을 꽉 여미고 달려가곤 했다. 도서관 앞 의자에 책을 쌓아 두고 잠시 쉬었던 순간은 힘들면서도 달콤한 순간이었다. 밤에 교정을 걸으면 쥐만큼 큰 텍사스 바퀴벌레가 깜짝 놀라게 하곤 했다. 텍사스에는 모든 것이 크다. 바퀴벌레도 예외는 아니다.

내가 살던 아파트도 그대로 있는지 궁금했다. 유학 시절, 몇 번의 이사를 했지만, 첫 번째 집이 가장 기억에 남는다. 그곳 주소가 아직도 기계적으로 입에서 튀어나온다. 1501 Harvey Road… 내비게이션에 주소를 넣고 찾아가 본다. 늘 주차했던 곳에 차를 댄다. 몸이 알아서 그렇게 한다. 1층, 695호에 살았었는데 그 집 앞에서 살짝 사진도 한 장 찍어 본다.

칼촌에 처음 도착했던 날이 아직도 기억에 생생하다. 댈러스에서 환승하여 프로펠러가 돌아가는 작은 비행기를 타고 칼촌 공항에 도착했다. 아들이 멀리 이국땅에 간다고 어머니는 한국 음식을 바리바리 싸 주셨다. 커다란 이민 가방 2개를 들고 왔는데, 하나는 거의 한국 음식으로 가득 차 있었다. 어머니는 한국 음식이라 혹시 냄새가 새어나갈까 봐 비닐봉지로 몇 겹이나 꼼꼼하게 싸셨다. 그러나 외국으로 음식을 보내 본 적이 없었던 터라 진공 포장을 해야 한다는 사실을 모르셨다. 높은 하늘로 올라간 봉지 속의 공기는 팽창했고 결국은 터져버렸다. 나는 댈러스 공항에서 그 불편한 진실을, 어느 정도 직감하고 있었다. 약간의 고추장 물이 이민 가방에서 스멀스멀 스며 나오고 있었기 때문이다. 그러나 미국 입국으로 긴장한 상태에다 짐을 옮겨 싣고 한 번 더 비행기를 타야 하는 상황에서 그 가방을 열어 현실을 마주할 용기는 없었다. 한국에서 출발할 때 분명 남색의 단색 이민 가방이었는데, 붉은 무늬가 있는 새로운 디자인으로 바뀌어 가고 있었다. 임시방편으로 가지고 있던 향수 한 병을 새롭게 생겨난 그 붉은 무늬에 들이부었다. 제발 고추장 물이 줄줄 흘러나오지 않기를 바라며 3대 종교의 신들을 모두 소환했다.

다행히 칼촌에 무사히 도착했다. 그리고 불행 중 다행으로 칼촌에 도착해서야 비로소 본격적으로 고추장 물이 새어 나오기 시작했다. 이제는 현실을 마주해야 할 시간이다. 가방을 여는 순간, 박사 졸업 때까지 먹어도 충분할 정도로 많은 양의 장아찌가 자신이 있어야 비닐 집을 탈출했다는 사실을 바로 알 수 있었다. 붉은 물속에 장아찌 애벌레 수천 마리가 떠다니고 있었다. 결국, 가방을 통째로 공항 쓰레기통에 버려야 했다. 짐 찾는 곳에서 쓰레기통까지 이어진 긴 애벌레의 핏자국(?)을 한참이나 닦았다.

이런 우여곡절 끝에 도착한 곳이 695호였다. 혼자 쓸 방이었기에 한국으로 치면 원룸에 해당하는 스튜디오형을 구했다. 그런데 생각보다 넓었다. 내 평생 가장 넓은 원룸이었다. 한국에서 살던 원룸의 2~3배 정도 넓이는 되었다. 이곳에서 금요일 밤이면 나에게 주는 선물로 얇은 소고기 한 장을 굽고(텍사스에는 소고기가 싸다. 얇을수록 더 싸다), 맥주 한두 캔을 마셨다. 추운 겨울에는 집에서 공부하기도 했는데, 난방비를 아끼려

칼촌에 스며 있는 나의 삶, O&M 빌딩과 첫 아파트 695호
우리의 삶을 장소와 분리해 생각할 수 없다. 삶의 애환이 시간 속에 켜켜이 쌓여 있는 장소
들이 나를 행복하게 하고 그 장소가 바로 나의 정체성이다.

두꺼운 옷을 몇 겹씩 껴입고 있었다. 옷을 너무 많이 껴입어 움직이기 쉽
지 않아 눈사람처럼 의자에만 앉아 있었다. 그래도 695호는 낯선 미국 땅
에서 내가 가장 마음 편하게 있을 수 있는 그런 곳이었다.

만감이 교차한다는 표현을 알고 있지만, 그것이 실제 어떤 느낌인지
오늘 비로소 경험한다. 칼촌에서 보낸 시간이 꿈처럼 느껴진다. 하루를
마치고 샤워하면서 나에 대한 한심함에 소리치기도 하고, 치열하게 앞날
을 고민하기도 했다. 좋은 사람들과 웃으며 즐겁게 지냈던 적도 있다. 그
럴 때는 칼촌도 살만하다는 생각을 하기도 했다. 올해를 시작하는 첫날,

텍사스 마음의 고향 칼촌에서의 시간은 내 마음을 설레게 하고 나를 행복하게 했다. 장소에 켜켜이 스며 있는 나의 시간이 여전히 그곳에 있었다. 치열하게 살았던 만큼 내 마음이 크게 자리 잡고 있었다.

이 푸 투안은 인간과 장소의 정서적 연계를 '토포필리아(topophilia)'라고 했다. 사람은 마음 붙일 장소가 있어야 마음의 평화를 얻고 행복할 수 있다. 그만큼 장소는 인간의 삶에 중요한 역할을 한다. 나는 텍사스 내 마음의 고향 칼촌을 사랑한다. 칼촌처럼 토포필리아를 느낄 수 있는 장소를 세계 곳곳에 많이 만들고 싶다. 그러면 삶이 더욱 풍요로워질 것 같다. 에드워드 렐프는 의미 있는 장소로 가득 찬 세계에서 살아가는 것이 인간답게 살아가는 것이라 했다. 지구라는 곳에 잠시 왔다 가지만, 마음의 자국이 있는 의미 있는 장소를 많이 만드는 그런 삶을 살았으면 좋겠다.

칼촌에 다시 가게 되는 날이 있을까? 가슴이 아려온다. 그래도 오늘은 내 인생 가장 멋진 날 중 하루다.

물가에
사는 사람들

미국 역사상 최대의 자연재해는 언제, 어디에서 일어났을까?

바로 1900년 갤버스턴(Galvaston)을 강타했던 허리케인이다. 반올림하거나 버린 것도 아닌데 연도도 아주 역사적이다. 당시 갤버스턴의 전체 인구 36,000명 중 8,000~12,000명이 숨지고, 3,600여 채의 건물이 파괴되었다. 이재민도 1만 명 이상 발생했다고 한다. 이 허리케인으로 갤버스턴은 거의 초토화되었다.

갤버스턴은 텍사스 최대의 휴양지 중 하나다. 끝없이 펼쳐진 넓은 땅에 무지막지하게 더운 날씨가 지속되는 텍사스에서 바다라니! 그래서 너무 매력적이다. 웬만한 텍사스 사람이라면 갤버스턴에 한 번 정도는 가봤을 것 같다. 바다 색깔이 눈이 시리게 푸르거나 맑은 물에 고기가 노니는 모습을 볼 수 있는 그런 곳은 아니다. 입자가 고운 토양이 있는 곳이라 흙탕물 같은 바닷물이다. 그래도 텍사스에서의 바다는 프리미엄이 붙는다. 낚시하러 가기도 하고, 수영하러 가기도 한다. 해산물을 먹으러도 간다. 'Pleasure Pier'라는 놀이동산도 눈길을 끈다. 갤버스턴에서 출발하는 커다란 크루즈 호를 보며 카리브해 연안으로의 호화스러운 여행을 상상해 보기도 한다. 이번에 일단 여기서 출발할 수 있다는 건 확인했고, 다음 번에 타기만 하면 된다! 도심을 걸으면 이국적인 경관을 만날 수도 있다.

그러나 뭐니 뭐니 해도 갤버스턴 여행의 백미는 해안 풍경 감상이다. 갤버스턴은 길쭉하게 생긴 섬이다. 그래서 해안이 길쭉하게 거의 일직선으로 뻗어 있고, 해안길을 따라 쭉 드라이브하면 다양한 풍경 포인트를 만날 수 있다. 포인트가 너무 많아서인지, 포인트별 이름이 있는 것이 아니라 숫자로 되어 있다. 포인트 #7, 뭐 이런 식이다.

기다란 해안을 따라 집들이 쭉 들어서 있다. 바다 전망을 지닌 집, 역시 매력적이다. 해안이 길게 이어져 있기에 집들의 수도 많다. 그런데 이렇게 많은 집의 모습이 특이하다. 동남아시아에만 있는 줄 알았던 고상 가옥이 갤버스턴 해안에 늘어서 있다. 1층은 거의 사용하지 않거나 주차장 정도로만 쓴다. 허리케인이 지나며 물이 범람하는 경우가 많아 이에 대비하는 집의 형태일 것이다. 미국 역사상 최대의 자연재해도 갤버스턴의 허리케인 아니었던가? 2008년 허리케인 아이크에 의한 피해도 매우 컸다고 한다. 기후변화에 따른 해수면 상승의 우려도 반영되었을 것이다. 미국립해양대기청(NOAA)의 최근 보고서는 2060년까지 갤버스턴 지역의 해수면이 63cm까지 상승할 수 있다고 예측했다. 상당한 높이다. 1층은 바로 잠길 수도 있다. 이래저래 수난(水難)으로 수난(受難)이다. 그래서 갤버스턴 해안의 집들은 아름다운 바다 풍경을 담으면서 물에 잠기지 않

갤버스턴 지도(출처: 구글맵스)
갤버스턴섬은 길쭉하게 생겨 일직선에 가까운 해안이 길게 이어진다. 이 해안을 따라 바다 풍경을 감상할 수 있다. 해안을 따라 포인트 번호가 붙어 있다.

기 위한 형태를 띠고 있다. 자연환경에 대응한 인간의 모습이다.

갤버스턴의 고상 가옥을 인상적으로 마음에 담고 섬을 떠나 북쪽으로 달렸다. 그런데 얼마 가지 않아 고속도로변에서 특이한 경관을 발견했다. 인공적으로 만든 것처럼 보이는 길쭉한 수로가 연속해서 늘어서 있는 모습이 언뜻언뜻 보이는 것이었다. 내비게이션의 지도는 이 마을의 특이한 형태를 명확하게 보여주고 있었다. '어, 저건 뭐지?' 하면서 어어 하다 보니 벌써 그곳을 지나쳐 버렸다. 다시 가 보고 싶은 욕구를 억누를 수 없었다. 조금 더 쭉 달려가다 유턴해서 그곳으로 되돌아 달려갔다.

갤버스턴섬 해안의 고상 가옥
물이 범람하는 것에 대비하여 1층은 주거에 사용하지 않는 고상 가옥의 형태를 보인다. 자연환경과 인간 삶의 상호작용을 보여주는 갤버스턴섬의 독특한 풍경이다.

바이우 비스타(Bayou Vista)라는 도시였다. 인공수로를 가운데 두고 양쪽에 집들이 쭉 늘어서 있는 독특한 공간 구조를 보이는 곳이다. 그런데 고속도로에서 스쳐 지나가며 슬쩍 보였던 인공수로는 집들에 가려져 있다. 집들 사이의 좁은 틈으로 살짝 보이는 정도다. 수로를 좀 더 가까이서 보고 싶은데 다른 사람의 집을 통과할 수도 없고 답답한 노릇이었다. 혹시나 하는 마음에 수로의 가장 끝부분으로 가 보았다. 다행스럽게도, 그곳에서는 멀리 일직선으로 쭉 뻗어 있는 수로, 그리고 그 양쪽에 줄지어 늘어서 있는 집들을 잘 볼 수 있었다.

수로가 연속해서 이어져 있는 도시의 모습이 신기하다. 바이우 비스타는 물과 함께 하는 라이프 스타일을 구현하고자 하는 아주 작은 도시이다. 도시 홈페이지에 가 보면 "Where Living on the Water is a Way of Life"라는 문구가 있다. 집집이 배를 댈 수 있는 독이 있고, 배 한 척씩은 묶어 둔 모습이 사실 좀 놀라웠다. 이 동네 사람들은 다들 배 한 척 정도는 가지고 있는 건가? 마음 내키면 자기 배 타고 나가서 바람 좀 쐬고 오는 삶을 사는 사람들? 자동차 드라이브가 아니라 보트 드라이브가 일상인 사람들? 수로를 통과해 바다에서 조금만 더 달리면 곧장 갤버스턴섬에 닿을 수 있다. 바다 가까이에 있는 이 도시가 만들어 낸 독특한 공간의 모습, 그리고 이곳 사람들의 일상이 놀라우면서도 부럽다.

인간은 자연과 밀접하게 상호작용하면서 살아간다. 기술의 발달로 인간은 과거보다 자연이 가하는 제한을 극복할 가능성이 커졌다. 하지만 환경의 영향은 인간 삶의 모습에 드러날 수밖에 없다. 갤버스턴섬과 바이우

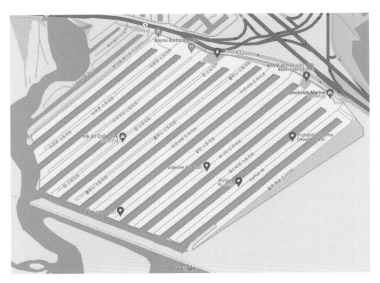

바이우 비스타 지도(출처: 구글맵스)
일직선의 수로가 연속해서 나타나는 독특한 공간 구조를 보여준다.

비스타의 가옥들은 결국 물가에서 살아가는 사람들의 모습이다. 자연을 정복할 수 있다는 인간의 오만함은 극복하기 어려운 시련으로 다가올 수 있다. 자연과 조화를 이루고 공생하며 살아가는 인간의 모습이 더 아름답다. 결국, 인간도 자연의 일부라는 사실을 잊지 말아야겠다.

바이우 비스타 도시 풍경
저 멀리 바다로까지 연결되는 수로와 양쪽에 줄지어 서 있는 가옥들의 모습이 장관이다. 집마다 배를 댈 수 있는 독이 있고, 배 한 척씩은 있는 것 같다.

동물이
지배하는 세계

사람들은 바퀴 달린 제한된 사각형 상자(=자동차) 안에만 머무를 수 있고 이것을 통해서만 이동할 수 있다. 하지만 동물들은 자유롭게 광활한 대지 이곳저곳을 돌아다닐 수 있다. 동물이 길을 막으면 사람들은 기다리거나 비켜주어야 한다. 사람들은 동물들의 관심을 끌려고 손을 흔들기도 하고, 동물 울음소리 비슷한 걸 내기도 하며, 먹을 것을 주기도 한다. 여기는 어디일까? 글렌 로즈(Glen Rose)에 위치한 포슬림 야생 동물 센터 (Fossil Rim Wildlife Center)다.

자유롭게 노니는 동물들을 바로 옆에서 보고 먹이도 줄 수 있는 동물원이 포슬림 센터다. 동물원은 여러 지역에 있지만 포슬림 센터와 같은 형태는 쉽게 볼 수 없는지라 꼭 한번 방문하고 싶었다. 미국이니 규모가 엄청나게 클 것이고, 거기에 걸맞게 수많은 동물들이 있을 것이라 생각하니 한국에서는 할 수 없는 경험을 할 수 있을 것 같았다.

포슬림 동물원 입구에 도착했다. 방문자 센터에서 예약 정보를 확인하면 그곳 직원이 유의사항을 안내해 준다. 강아지나 고양이 같은 애완동물과는 함께 들어갈 수 없다. 동물원 내에서는 줄곧 차 안에 머물러야 하며 15마일 이하로 천천히 움직여야 한다. 먹이는 바닥에 던져서 주어야 한다. 단, 기린만은 손으로 직접 주어야 한다. '그래, 동물원에서는 먹이 주는 게 제일 재미있지!' 어디서 먹이를 살 수 있는지 물어본다. 그랬더니 고깔모자 모양으로 접은 종이에 먹이가 그득 담긴 뭉치 하나를 건네준다. 우리의 재미를 책임져 줄 먹이를 소중히 받아들고 동물의 세계로 입장했다.

공원 입구라 적힌 커다란 철조 구조물을 통과하면 광활한 초지가 펼쳐진다. 탁 트인 공간이 가슴을 시원하게 해 준다. 언제 동물을 만날 수 있을까 하는 두근거리는 마음으로 천천히 차를 몰아간다. 드디어, 저 멀리 동물들이 하나둘 눈에 띄기 시작한다. 그리고 조그만 철문 하나가 나타난다. '진짜 동물의 세계로 들어가는 입구인가?' 활짝 열린 철문 옆에 뿔 달린 동물 한 마리가 보초병처럼 우리를 쏘아본다. 그 옆으로 뒷모습이 보이는 다른 동물 한 마리, 그리고 그 뒤로 듬성듬성 몇 마리가 더 보인다. 흡사 영화의 한 장면 같다. 대충 시나리오는 이렇다. 예상치 못한 소행성이 지구와 충돌하면서 지구가 큰 충격을 받고, 인류는 거의 멸망한다. 폐허가 된 세상에서 동물들이 사람처럼 말을 하고 지구를 지배하게 된다. 겨우 살아남은 소수의 인간은 동물들을 피해 도망 다니며 근근이 살아간다. 동물들은 철문을 만들고 자신들만의 공간을 구축한다. 그 안에는 생존에 필요한 자원이 그득하다. 인간에게는 허락되지 않는 곳이다. 지금 그곳에 몰래 숨어 들어가려 한다.

동물의 세계 입장
세기말 영화의 다른 세계로 들어가는 듯한 느낌을 주는 포슬림 동물원으로 진입한다. 철문을 지키고 있는 저 녀석은 보초병인가?

이런 터무니없는 상상과는 전혀 다르게 철문 가까이 다가가면 동물들은 반갑게 우리를 맞아 준다. 사람에 익숙한지 차를 보아도 놀라는 기색 같은 건 전혀 없다. 너무 가까이 다가와 오히려 우리가 놀란다. 차를 한 바퀴 빙 둘러보고 구경하는 듯 빤히 쳐다보는 녀석도 있다. 누가 누굴 구경하는 건지 모르겠다. 먹이를 한 번 줘 본다. 다른 동물원에서는 먹이를 주면 경쟁적으로 달려들어 순식간에 다 먹어 치워 버리는 게 일반적이다. 그런데 여기서는 먹이를 바닥에 던져 주면 느긋이 다가와 천천히 우아하게 먹거나 아예 관심이 없는 경우도 있다. 잔디밭에 한가롭게 누워 미동조차 하지 않는 녀석도 있다. 물론 식탐을 보이는 녀석도 있다.

포슬림 센터에서 여러 동물들을 만날 수 있다. 하지만 그중에서도 백미는 기린이다. 사실 기린을 바로 가까이서 보거나 만져볼 기회는 그리 흔치 않다. 하지만 포슬림에서는 가능하다. 다른 동물들을 반갑게 만나면서도 이제나저제나 언제 기린을 볼 수 있을까 기대하고 다녔다. 최근 갑자기 영어로 말문이 트인 아들은 "Where is the giraffe?"를 주문처럼 계속 중얼거린다. 드디어 저 멀리 길쭉한 목을 늘어뜨리고 먹이를 먹고 있는 기린 무리가 보인다. 당장 쏜살같이 달려가고 싶지만 15마일 이하의 속도를 유지하며 천천히 다가간다. 나중에 저 기린들이 인류를 지배할지도 모른다는 생각을 떨치지 못하겠다. 밉보이면 안 된다. 우리 바로 앞에 있는 차의 창문 속으로 머리를 쑥 밀어 넣고 있는 기린 한 마리가 보인다. 우리도 곧 저렇게 기린을 만나는 거야?

앞 차가 지나간 후 기린 쪽으로 좀 더 가까이 다가갔다. 우리 차를 보고 저쪽에서 기린 한 마리가 어슬렁어슬렁 다가온다. "꺅! 어떻게 해야 하지?" 창문을 내리고 조신하게 기린의 처분을 기다린다. 그런데 그 녀석이 갑자기 차 안으로 머리를 쑥 밀어 넣더니 먹이 뭉치를 통째로 물고 나가려 한다. 깜짝 놀란 우리는 합심해서 먹이 뭉치를 잡아당겼다. 한바탕 줄다리기가 벌어진다. 결국 종이가 찢어지고 기린은 몇 조각의 먹이와 종이를 입에 물고 한 발자국 뒤로 물러났다. 이 실랑이로 먹이가 차 안 곳곳에 흩어지고 난리가 났다.

잠시 마음을 추스르고 다시 먹이 주기를 시작했다. 기린은 손으로 직접 먹이를 줘야 한다. 바닥에 떨어뜨려 두면 아마도 목이 긴 기린이 그것을 먹지 못하기 때문이 아닐까 싶다. 먹이 하나를 손가락으로 잡고 흔들어 보이자 아까 실랑이를 벌였던 그 녀석이 다시 차 안으로 머리를 들이민다. 그리고 긴 혀를 쑥 내민다. 충격이다! 기린 혀 본 적 있는가? 기린은 목만 긴 동물이 아니다. 혀도 엄청 길다. 그리고 색깔이 짙은 회색이다. 길이와 색깔의 2연타에 큰 충격을 받는다.

그 녀석은 긴 혀로 내 손가락에 침을 잔뜩 묻히고 먹이를 날름 낚아채 갔다. 무섭다. 그래도 여기서 물러설 수는 없다. 제대로 한 번 줘 봐야 한다. 그런데 기린의 혀와 털들이 손에 닿는 그 으스스한 느낌에 다시 도전하는 걸 머뭇거리게 된다. 손가락이 기린 이빨에 물릴 것 같은 두려움도 있다. 뭔가 다른 방식을 시도해야 할 것 같다. 그래서 이번에는 손가락으로 먹이를 잡고 주는 방식이 아니라 손바닥에 먹이 몇 개를 얹고 손을 내밀어 본다. 그랬더니 기린이 긴 혀로 손바닥 전체를 핥으며 잽싸게 먹이를 집어 먹는다. 손가락으로 먹이를 줄 때보다 훨씬 안정적이다. 더 나은 방법처럼 느껴진다. 하지만 이렇게 혁신적인 손바닥 전략을 활용할 때도 어려운 점이 없지는 않다. 더욱 내밀하고, 친밀하며, 전 방위적일 수밖에 없는 기린 혀와 내 손바닥의 접촉이다. 그 느낌이 소름 끼치게 상쾌한 건 아니다. 침도 훨씬 더 광범위하고 찰지게 내 손을 적신다. 몇 번 더 먹이를 준 뒤, 기린의 침으로 흥건히 젖은 내 손을 바라보며 이제는 그만할 때가 되었다는 결론에 다다른다. 먹이 주기를 멈추자 그렇게 친한 척했던 기린은 뒤도 돌아보지 않고 쿨하게 다른 곳으로 떠나간다.

　기린과의 강렬한 만남을 뒤로 하고 또 다른 동물을 만나러 갔다. 지루할 때쯤이면 새로운 동물의 무리가 나타난다. 넓은 들판을 뛰어다니는 녀석들도 있고, 적극적으로 우리에게 다가오는 녀석들도 있다. 저 멀리 나무 옆에 서서 우리를 쳐다보는 얼룩말 두 마리가 반갑다. 가볍게 인사를 하고 조금 더 이동하다 보니 이 동물원에서 유일하게 철망 속에 갇혀 있는 맹수가 눈에 띈다. 치타다. 이곳에서 가장 무서운 상위 포식자이지만 역설적이게도 가장 자유가 제한되어 있다. 치타를 가둬 둔 철망 바로 앞으로 유유자적하게 걸어가는 가젤의 무리가 눈에 띈다. 자유로운 가젤과 억압된 치타의 상황이 묘하게 대비된다. 이제 마무리할 시점이 된 것 같다. 마지막에 만난 녀석은 거대한 몸집의 코뿔소였다. 세 마리의 코뿔소와 인사를 나누고 동물의 세계를 나선다.

　포슬림 센터를 천천히 다니다 보면 풍경을 보는 것만으로도 힐링이 된다. 맑은 공기, 푸르른 하늘, 드넓은 초원, 곳곳에 우뚝 솟아 있는 커다란 나무. 때 묻지 않은 자연 속에 들어와 있는 기분이 든다. 그런 풍경 속에서 다양한 동물들을 만나게 된다. 이제껏 여러 동물원을 가 보았지만 이곳은 사뭇 다른 느낌을 준다. 이런 동물원은 미국에 드넓은 땅이 있기에 가능한 것일까? 아니면 동물의 복지를 고려하는 인식이 있기에 가능한 것일까? 이곳의 동물들은 좁은 우리 안에 갇힌 다른 동물원의 동물들보다 더 행복할까? 이 세계 주인들이 어떤 마음을 가지고 있을지 생각해 보며 동물의 세계 탐험을 마무리한다.

포슬림 센터의 마스코트 기린
바로 눈앞에서 기린을 볼 수 있고 먹이도 줄 수 있다. 이렇게 가까이서 기린을 볼 수 있는 기
회는 흔치 않다. 기린의 기다란 회색 혀를 본 적이 있는가?

미국의 동력,
에너지 3관왕

텍사스는 미국에서 가장 부유한 지역 중 하나다. 석유가 나기 때문이다. 텍사스 중질유라는 이야기 한 번쯤은 들어봤을 거다. 브렌트유, 두바이유와 더불어 국제 3대 유종이다. 세계 석유계에서 텍사스의 위상은 대단하다. 최근에는 셰일 혁명으로 그 위세가 더해졌다. 예전에는 경제성이 없어 땅속에 잠들어 있던 석유가 기술의 발전으로 사용 가능한 자원이 되었다. 잠자는 석유를 깨울 수 있는 기술이 계속 발전하면서 채굴 가능한 석유도 늘어나고 있다. 그래서 석유를 계속 쓰는데 매장량은 오히려 증가하는 역설에 직면하기도 한다.

텍사스 서부 퍼미안 분지(Permian Basin)는 석유 생산의 중심지다. 이곳에는 원유 접시가 차곡차곡 쌓인 형태로 엄청난 양의 석유가 매장된 것으로 추정되고 있다. 이러한 퍼미안 분지에 석유 생산을 주도하는 미들랜드(Midland)라는 도시가 있다. 미들랜드는 포트워스와 엘패소 중간에 있는 도시라는 의미다. 고속도로를 따라 텍사스 서부 쪽으로 계속 가다 보면 알싸한 석유 냄새가 갑자기 코를 자극할 때가 있다. 이럴 때면 어김

없이 석유를 시추하는 펌프잭(pumpjack)이 나타난다. 석유층 위를 달려가는 거다. 눈에 보이는 펌프잭의 수가 점점 늘어난다. 텍사스 하면 떠오르는 석유의 이미지에 딱 들어맞는 풍경이 펼쳐진다. 이건 미들랜드에 가까워졌다는 의미이다.

펌프잭을 좀 더 자세히 보고 싶어 근처에 차를 댔다. 도로와 가장 가까워 보이는 곳을 찾았는데, 실제 도로와 바로 인접해 있는 건 아니다. 그래도 조금만 걸어 들어가면 바로 눈앞에서 펌프잭을 볼 수 있다. 농사를 짓지 않는 붉은색 토양의 밭을 밟고 다가서 본다. 작동하고 있는 펌프잭에서 철컥철컥 하는 소리가 난다. 석유 냄새도 강하게 느껴진다. 지금 타고 온 내 자동차 기름도 이렇게 생산되어 온 것이겠지? 텍사스 서부에 들어서면 이렇게 펌프잭이 채굴하는 모습을 곳곳에서 볼 수 있다. 그런데 이런 펌프잭 뒤쪽 저 멀리에는 대규모의 풍력 발전기도 자주 눈에 띤다. 석유의 시대와 신재생 에너지의 시대가 공존하는 서부 텍사스다.

석유 생산의 중심지답게 미들랜드에는 퍼미안 분지 석유 박물관 (Permian Basin Petroleum Museum)이 있다. 박물관 중앙 정면을 장식하고 있는 펌프잭, 그리고 그 뒤로 위용을 뽐내며 휘날리고 있는 미국기와 텍사스기가 눈길을 사로잡는다. 미국의 중심 텍사스, 그리고 텍사스의 부흥을 이끄는 석유라는 상징을 경관에 새겨 넣은 듯하다. 이름에 걸맞게 박물관에서는 석유의 생산과 소비, 미래의 에너지 등 석유 관련 다양한 콘텐츠를 만나볼 수 있다. 무엇보다 셰일 석유를 생산하는 '수압파쇄법'에 대해 잘 이해할 수 있게 된 것이 큰 수확이었다.

텍사스 서부 지역에서 펌프잭과 더불어 풍력 발전기도 자주 볼 수 있다고 하지 않았던가? 놀랍게도 미국 석유 생산의 중심지인 텍사스는 풍력 발전에 있어서도 미국 1위다. 텍사스를 하나의 국가로 생각하면 전 세계 5위에 해당할 정도로 엄청난 규모라고 한다. 텍사스 서부에서 만나는 풍력 발전소의 규모는 실로 상상을 초월한다. 한 번 풍력 발전 단지를 만나면 그야말로 풍력 발전기 지옥이다. 풍력 터빈이 끊임없이 이어져 나온다. 그런데 이런 대규모 단지가 심심치 않게 불쑥불쑥 나타난다. 텍사스 서부 고속도로에서는 서프보드 같기도 하고, 비행기 날개 같기도 한 길쭉한 널빤지 모양의 물품을 싣고 가는 커다란 트럭을 종종 볼 수 있다. 저게 뭘까 궁금했는데, 어느 순간 풍력 발전기 날개라는 사실을 깨달았다. 도로 위의 이런 트럭이 텍사스 서부에서 점점 일상적 풍경이 되어 가고 있다고 한다.

이렇게 된 김에 풍력 발전 단지도 한번 봐야겠다는 생각이 들었다. 지금 저기 보이는 풍력 단지, 엄청나게 커 보이는데 어디일까? 그 자리에서 바로 검색을 시작한다. 로레인(Loraine)이라는 마을에 자리 잡은 풍력 단지다. 곧장 그곳으로 달려갔다. 목적지에 가까워지면 광활한 초지가 넓게 펼쳐지고, 드넓은 평원에 모심기한 것처럼 풍력 발전기가 설치되어 있다. 멀리서 보면 전봇대가 여러 개 있는 것 같은데 그게 전부 풍력 터빈이다. 징그럽다는 말을 저절로 하게 된다. 뭐든지 그 스케일이 예상을 넘어서는 미국에서 1등을 하려면 이 정도는 해야 하나 보다.

저 뒤쪽의 풍력 발전기를 배경으로 풀이 풍성한 초지에서는 소들이 노닐고 있다. 소들에게 인사도 하고, 풍력 발전기도 좀 더 자세하게 볼 겸 차에서 내렸다. 바람이 무척이나 세차게 분다. 이렇게 거센 바람이 불어야 풍력 발전이 잘 되겠지? 소 무리에 가까이 다가서자 한두 마리가 내 앞으로 어슬렁어슬렁 걸어온다. 그런데 다시 또 한 마리, 그리고 또 한 마리, 이렇게 주변에 있던 모든 소가 내 앞으로 집결했다. '흠, 내가 미국 소한테 인기 있는 스타일인가?' 내 앞쪽에 훈련병처럼 도열해 커다란 눈을 끔뻑끔뻑하며 서 있는 소들에게 연예인이라도 된 듯 손을 흔들어 줬다.

티끌 하나 없이 맑은 하늘, 세차게 부는 바람, 검은색의 텍사스 소 무리, 그리고 그 뒤로 하얀색 나무젓가락처럼 늘어선 풍력 발전기가 어디서도 볼 수 없는 장면을 만들어낸다. 한참을 유유자적하게 그 분위기를 즐겼다. 평화스러우면서 동시에 역동적인 느낌의 오묘한 풍경이다. 이후 20여 분 이상을 계속 달려 그 어마어마한 풍력 발전기 지옥을 빠져나올 수 있었다.

석유 생산도 1등, 풍력 발전도 1등인 텍사스다. 그런데 텍사스 하면 강렬한 햇빛인데 태양광 발전은 어떤지 궁금하지 않은가? 놀랍게도 텍사스는 태양광 발전에서도 이미 미국 1위에 올라섰거나 혹은 조만간 1위에 등극할 예정이라고 한다. 텍사스 전성시대다. 2024년 초에 텍사스 서부 제이톤(Jayton)이라는 마을에 대규모 태양광 발전소가 완공되었다는 기사를 보았다. 매년 19만 이상의 가구에 전력을 공급할 수 있는 규모라고 한다. 제이톤은 켄트 카운티(Kent County)에 위치하고 있는데, 2020년 기준 켄트 카운티의 인구는 753명에 불과하다. 사람이 많지 않은 허허벌판에 대규모의 태양광 발전소를 건설했다는 사실을 알 수 있다. 텍사스의 강렬한 태양이 오늘도 열심히 에너지를 생산하고 있을 거다.

텍사스는 에너지 3관왕을 달성했다. 미국의 동력이 되는 지역이라 해도 과언이 아니다. 상황이 이러하니 석유 시대에도, 신재생 에너지 시대에도 텍사스에 주목하지 않을 수 없다. 한 오디션 프로그램에서 김이나 작사가가 한 말을 빌리자면, 지금 전교 1등 하는 아이가 다음 시험을 위해 밤샘 공부까지 하고 있는 셈이다. 황량한 불모지가 끝없이 이어지는 것 같은 텍사스 서부는 사실 미국의 현재와 미래 에너지가 펄떡펄떡 살아 숨 쉬는 곳이다.

텍사스 서부의 펌프잭
열심히 석유를 캐내고 있는 펌프잭이 곳곳에 자리 잡고 있다. 박물관 상징도 펌프잭이다.
텍사스 석유 산업의 오늘을 잘 보여 준다. 펌프잭 뒤로 보이는 풍력 발전기가 텍사스 에너
지 산업의 또 다른 모습으로 대비된다.

텍사스 서부의 풍력 발전기
끝없이 이어지는 풍력 발전기와 그 앞에서 우리를 반겨주는 텍사스 소들이 흥미로운 장면
을 연출한다.

텍사스 파리에
살아요

제 고향은 파리(Paris)입니다. 우리 동네에 있는 에펠탑은 마을의 상징으로 모두가 자랑스러워해요. 아주 맛이 좋은 바게트를 파는 베이커리도 있답니다. 전 주말이면 뮤지엄에 가는 걸 좋아해요. 시간 되실 때 한번 놀러 오세요. 텍사스 파리시 메인 스트리트로 오시면 돼요~

이게 무슨 소리인가? 도시 이름이 파리이고 에펠탑도 있는데 주소가 텍사스 메인 스트리트라고? 그렇다. 텍사스에도 파리가 있다. 도시의 정식 명칭이 Paris다. 프랑스의 그 파리와 스펠링도 똑같은 Paris.

점심 무렵 파리에 도착했다. 우선 점심을 먹고 파리 투어를 하기로 했다. 파리는 아주 작은 동네라 시골 읍내 같은 작은 도심이 있다. 거기서 나름 맛집으로 알려진 햄버거 가게로 들어갔다. 이 작은 동네 전체에 동양인은 우리밖에 없는 것 같다. 그런데 놀랍게도 여기에 한국 버거(Korean Burger)가 있다! 설명을 보니 하우스 김치(House Kimchi)가 들어 있다고 되어 있다. 가게에서 직접 담근 김치가 들어 있다는 건가? 김치가 세계인의 음식으로 자리매김하고 있다는 기사를 보긴 했는데, 이제 미국인들이 직접 김치를 담가 먹는 정도가 되었나? 아니면 그냥 집에 있는 김치란 뜻인가? 일단 고민 없이 한국 버거를 주문했다.

드디어 나온 한국 버거! 도대체 정체가 뭔가? 빵을 슬쩍 들어 재료 분석을 시작한다.

'흠... 특별한 건 없어 보이는데? 왜 한국 버거지? 김치는 어디 있다는 거야? 앗! 여기 들어 있구나!'

검은색 바비큐 소스에 가려 잘 보이지 않던 김치를 발견했다. 물에 씻은 것 같은 형상의 배추김치 조각들이 고기에 파묻혀 있다. 덥석 베어 물어 한국 버거를 맛보기 시작했다. 헉, 너무 짜다! 미국인들은 엄청 짜게 먹는데 주로 미국인만 사는 이곳에서 정확하게 그들의 기준 염도에 맞추어 요리한 듯했다. 김치가 있는 부분은 더 짜다. 원래 짠 햄버거에 김치까지 더해져 충격적인 짠맛을 선보인다. 음료수로 짠맛을 중화시키면서 한국 버거를 깔끔하게 먹어 치웠다. 외국에 가면 모두 애국자가 된다고 했던가? 한국의 김치가 들어간 메뉴가 사라지면 안 된다는 책임감이 샘솟아 한국 버거를 남길 수가 없었다.

염분으로 절여져 내가 김치인지, 김치가 나인지 모를 상태에서 본격적으로 파리 탐색을 시작했다. 도시의 역사와 관련된 전시로 나름 유명한 라마 카운티 역사박물관(Lamar County Historical Museum)으로 향했다. 무슨 박물관이 금, 토요일에만 문을 연다. 이곳을 꼭 방문하고 싶었기에 아무 때나 파리에 올 수 없었고, 반드시 금, 토요일 중 하루를 택해야 했다. 그런데 최근 주말에 계속 비가 와서 파리 방문을 몇 번이나 연기했다. 오늘도 뇌우가 예상되어 있었는데 일기예보가 갑자기 흐리기만 한 것으로 바뀌어 즉흥적으로 달려왔다. 그런데 흐리지도 않고 햇빛까지 쨍하게 나서 파리를 제대로 여행할 수 있으리라는 기대감을 가지게 했다.

라마 카운티 역사박물관 주차장에 차를 대고 먼저 건물 외부 사진을 몇 장 찍기로 했다. 전체 모습을 다른 방해물 없이 온전하게 담고 싶은데 입구 부근에 커다란 밴 한 대가 주차되어 있다. 큰 차가 박물관을 떡 하니 가리고 있어 사진이 영 마음에 들지 않는다. 그런데 마침 차 주인처럼 보이는 노부부가 걸어 나온다. 차가 나가면 다시 사진을 찍어야겠다고 생각하고 잠시 기다리고 있었다. 그런데 운전석에 앉은 할아버지께서 창문을 내리시더니 "하이" 하고 인사를 한다. 나도 인사하며 응대해 주었다. 이후 계속 무언가를 말씀하시는데 잘 들리지 않아서 좀 더 가까이 다가갔다.

"어디서 왔어요?"

"한국에서 왔는데, 지금은 플레이노에 살고 있어요."

"오, 그렇군요! 혹시 여기 관람하려고 하나요?"

"네, 그렇습니다. 저기가 입구 맞나요? 어디가 입구인지 잘 모르겠네요."

"저기가 입구 맞아요. 그런데 지금 박물관 문 닫았어요."

"네? 오후 4시까지 운영하는 것으로 나와 있는데요?"

"손님이 없어서 방금 문 닫았어요. 오늘 사람이 2명밖에 안 왔어요."

"아, 진짜요? 혹시 이 박물관 운영하시는 분이신가요?"

"네, 우리 둘이 운영해요. 미안합니다."

이 말을 남기고 노부부는 유유히 사라졌다. 당황스럽다. 그냥 자율적으로 아무 때나 문 닫아도 되는 시스템인가? 혹시 개인적으로 이 박물관을 소유하시고 취미로 운영하시는 건가? 문 닫으려 했다가도 방문객이 오면 다시 열어야 하는 것 아닌가? 몇 주를 기다려 겨우 왔는데, 그리고 운영 시간에 맞추어 왔는데, 박물관 방문은 수포가 되었다. 혹시 장난치신 건 아니겠지? 그럼 진짜 카이저 소제급 대반전인데. 문이라도 한 번 열어볼 걸 그냥 발길을 돌린 것이 후회된다. 박물관 운영 시스템과 그 노부부의 정체는 여전히 미궁이다. 다음에 다시 방문해서 그 노부부가 진짜 박물관에 계시는지 반드시 확인할 테다. 혹시 그때에도 밴으로 걸어 나오시는 건 아니겠지? 그리고 우리들 몰래 차에서 웃고 계시는 건 아니겠지?

점심으로 먹은 햄버거는 충격적이었고, 고대했던 박물관은 문을 닫았다. 두 일정이 연속으로 꽝이 난 상황이다. 하지만 최근에 읽었던 류시화 작가의 『내가 생각한 인생이 아니야』라는 책에 나오는 한 외국인 친구 이야기가 떠올랐다. 그 친구는 너무 추워서 손발이 꽁꽁 얼 것 같은 겨울 거리에서 파란 하늘을 바라보며 기쁨을 찾았다. 버스가 늦게 와 한참을 기다리게 된 상황에서 언제 다시 올지 모르는 거리에 더 오래 서 있게 되어 기쁘다고 이야기 했다. 세상을 대하는 이 친구의 마음이 이랬다.

"생각대로 되지 않는 건 정말 좋은 일이야. 생각지도 못했던 일이 일어나니까."

나도 이 친구처럼 긍정 회로를 돌린다. 한국 버거가 너무 짜고 기대보다 맛이 없어서 재미있었어. 맛있었으면 너무 평범하잖아. 현지 미국인이 좋아하는 염도를 경험해 볼 수 있어서 좋았어. 박물관 앞에서 노부부를 만나고 수상한 운영 시스템을 만난 것도 새로웠어. 이렇게 재미있는 에피소드가 생겼잖아. 어디서 이런 일을 겪어 보겠어. 그냥 별일 없이 박물관 방문한 이야기보다 사람들은 이 에피소드를 더 좋아할 거야.

긍정 마인드를 장착하고 다음 장소로 이동했다. 파리하면 에펠탑 아니겠는가? 대망의 장소, 텍사스 파리의 에펠탑을 찾아갔다. 대학생 시절 배낭여행으로 프랑스 파리에 다녀온 적이 있다. 그 기억을 더듬어 두 개의 에펠탑을 비교해 보는 것도 재미있을 것 같았다. 예전 배낭여행 때 프랑스 에펠탑 앞에서 찍었던 사진도 미리 한 번 보고 왔다. 당시 민박집에 묵었는데, 운이 좋게도 파리를 잘 아는 여 학우 두 명을 만나 가이드를 동반한 것 같은 여행을 했다. 동행했던 마음씨 고운 형은 파리가 배낭여행 마지막 장소라며 남은 유로화 동전을 한 움큼 주고 갔었다. 다들 잘 지내고 있겠지?

저기 에펠탑 모양의 건축물이 보인다. 프랑스 파리에 있는 그것과 모양이 비슷하다. 하지만 프랑스 에펠탑이 아니라 텍사스 에펠탑이라는 걸 단번에 알 수 있다. 카우보이 모자를 쓰고 있기 때문이다. 그래, 난 지금 텍사스에 있어! 유럽 파리의 에펠탑에 비해 규모도 작고 앙증맞다. 중앙 바닥에는 텍사스 지도 문양도 있다. 텍사스화 된 에펠탑이다. '텍부심'이 넘쳐 나는 텍사스 아니던가? 텍산의 마음으로 쳐다보면 정이 가는 에펠 탑이다. 주변을 한참 서성이며 텍사스의 에펠탑에 젖어 들었다.

카우보이 에펠탑 바로 옆에 참전 용사 기념 공원이 있다. 비록 프랑스 의 에펠탑을 모방한 탑을 세워 두었지만 자신의 정체성을 잃지 않겠다는 상징적인 의도는 아닐까? 유럽의 에펠탑을 모방한 탑과 그 바로 옆에 있 는 미국, 그리고 텍사스의 정체성을 강조하는 공원이 묘한 대비를 이룬 다. 기념 공원은 참 깨끗하고 정돈이 잘 되어 있었다. 그런데 한국 버거에 이어 여기서 또다시 한국을 만난다. 바닥에 참전 용사들의 이름이 새겨져 있는데, 한국 전쟁에 참전한 용사들이 곳곳에 있다. 한국 전쟁을 설명한 표지석도 눈에 띈다. 1950년 6월 25일~1953년 7월 27일이라는 날짜가 눈 에 확 들어오는 한국 전쟁 표지석 앞에 한참을 서 있었다.

이후에는 파리 도심을 걸어 다니며 시간을 보냈다. 공원에서 결혼사 진을 찍고 있는 커플을 구경하기도 하고, 골동품 가게에 들러 오래된 물 건을 살펴보기도 했다.

흥미롭게도 미국에는 파리라는 이름의 도시가 여럿 있다. 테네시주, 켄터키주, 뉴햄프셔주, 일리노이주에도 파리라는 도시가 있다. 각각 어떤 특성이 있을까? 왜 도시 이름을 파리라고 했을까? 텍사스에서의 파리뿐 아니라 미국 전역의 파리 탐험을 떠나보는 건 어떨까?

라나 델 레이(Lana Del Rey)의 'Paris, Texas'라는 노래도 있다. 이 노래에는 텍사스 파리뿐만 아니라 앨라배마 피렌체(Florence, Alabama), 캘리포니아 베네치아(Venice, California)까지 나온다. 미국의 유럽 도시들이 가사의 중요한 모티브가 되고 있다. 시간 되면 한 번 들어 보시길. 음률이 서정적이고 아름다운 것이 거친 텍사스 카우보이의 마음도 차분하게 만들어 줄 것 같다. 나 역시 텍사스 파리의 존재를 알고 난 후, 이 노래를 즐겨 듣는다. 노래를 감상하며 텍사스 파리의 풍경을 떠올린다.

텍사스에는 파리 외에도 유럽 도시의 이름을 딴 지명들이 있다. 텍사스 유럽 도시 투어라는 엉뚱한 상상도 해 본다. 가장 북쪽의 파리(Paris)에서 남서쪽으로 출발해 더블린(Dublin), 런던(London), 비엔나(Vienna), 베를린(Berlin), 모스크바(Moscow), 아테네(Athens) 그리고 다시 출발점 파리(Paris)를 연결하면 얼추 원 모양의 경로가 탄생한다. 텍사스에서의 유럽 여행이라, 뭔가 오묘하고 운치 있지 않은가? 각 도시는 왜 유럽의 지명을 사용했고, 어떤 특성이 있을까? 실제 이 경로를 따라 한 번 돌아보고 싶었으나 광대한 텍사스에서 이 투어를 실행하기에는 너무 많은 시간이 필요해 상상만 열심히 해 봤다.

미국에는 유럽의 지명을 사용한 도시가 곳곳에 있다. 예를 들어, 아이오와주 마드리드(Madrid), 뉴저지주 베로나(Verona), 오하이오주 더블린(Dublin), 뉴햄프셔주 베를린(Berlin), 뉴욕주 코펜하겐(Copenhagen), 아이다호주 모스크바(Moscow) 등. 미국이라는 커다란

텍사스 파리의 에펠탑
카우보이모자를 쓴 앙증맞은 에펠탑이
텍사스 파리의 귀여운 랜드마크다.

나라에 그 엄청난 수의 도시마다 이름을 붙이자니 이런 일이 발생하지 않을 수 없었을까? 이름 짓기도 보통 일이 아닐 게 분명하다. 미국에서의 유럽 도시 기행은 어떠한가?

텍사스 파리에 대한 화답인지 프랑스 파리에 가면 Paris, Texas Bar가 있다고 한다. 유럽의 파리에서, 텍사스 파리를 방문할 수 있다.

지명으로 놀아 보기도 재밌다.

경계를
넘어라

곧 뉴멕시코에서 텍사스로 넘어간다. 주의 경계가 바뀌는 순간이다.

뭔가 선이라도 그어져 있지 않을까? 도로 색깔이 바뀌지는 않을까? 커다란 표지판이 서 있을까?

그런데 신경을 바짝 곤두세우지 않으면 주의 경계가 바뀌었다는 사실을 알아차리기 쉽지 않다. 지난번 텍사스에서 뉴멕시코로 넘어갈 때, 경계를 제대로 확인하지 못했다. 빠른 속도로 달려가는 와중에 작은 표지판 하나가 휙 스쳐 지나가는 듯한 느낌이 났는데, 설마 그것이 주의 경계일 것이라고는 생각하지 않았다. 그런데 이후 아무것도 나타나지 않았다. 그것이 바로 주의 경계 표지판이었다. 이번에는 정신을 바짝 차리고 뉴멕시코에서 텍사스로 바뀌는 곳이 어떤 모습인지 확인하려 했다. 미국에서 각 주는 사실 개별 국가라고 해도 될 정도라는데, 그 구별은 어느 정도 명확하게 있어야 하지 않나 했다.

아, 저기 경계 표시판이 있네. 녹색으로 된 거 보이지? Welcome to

Texas.

　속도를 급하게 줄이고 표지판 앞으로 다가선다. 차에서 내려 사진을 찍었다. 그런데 이 표지판 이외에 바뀌는 건 없다. 길과 하늘은 뉴멕시코에서 텍사스로 자연스럽게 그대로 이어진다. 크게 숨을 들이켜 보았지만 뉴멕시코와 텍사스의 공기에도 차이는 없는 것 같다. 빠른 속도로 지나쳤으면 경계를 넘었다는 사실조차 인식하지 못할 뻔했다. 지도에는 명확하게 뉴멕시코와 텍사스 사이에 선이 그어져 있지만 현실에는 아무런 선도 없다.

　텍사스 엘패소(El Paso)는 미국과 멕시코의 국경 도시다. 이 도시를 통해 미국과 멕시코의 왕래가 잦다. 엘패소에서 고도가 높은 산길, 시닉 드라이브(Scenic Drive) 코스를 따라가다 보면 엘패소 시내, 그리고 연이어 나타나는 멕시코의 모습을 조망할 수 있다. 그런데 사실 어디까지가 엘패소인지, 어디서부터가 멕시코인지 구별하기가 쉽지 않다. 그저 인간이 만든 건축물들이 이어져 있다는 느낌이 들 뿐이다.

　미국과 멕시코의 경계에 좀 더 가까이 가 봤다. 엘패소 국경 심사대에 가면 미국과 멕시코의 공식 국경을 볼 수 있다. 벽과 그 위의 철조망이 이곳이 국경임을 단번에 알 수 있게 해 준다. 하지만 키가 조금만 크면(아주 조금만 많이 크면?) 담 너머 멕시코를 어렵지 않게 볼 수 있을 듯하다. 그리고 두 나라 사이를 걸어서 오가는 사람들을 끊임없이 볼 수 있다. 불현듯 남북한의 삼엄한 경계, 남에서 북으로, 물론 그 반대로도 넘어갈 수 없는 그러한 국경만이 나의 의식에 자리 잡고 있다는 생각이 들었다. 철조

망이 있는 국경을 사이에 두고 양쪽을 걸어서 넘어 다니는 상황이 어색하게 느껴졌다.

이런 모습들을 보면서 경계라는 것이 어떤 의미를 지니는지에 대해 고민해 보았다. 그동안 경계라고 하면 쉽게 넘어설 수 없는, 혹은 넘어서는 안 되는 꽉 막힌 장벽으로만 생각했던 것이 아닌가 싶다. 그리고 나의 이러한 무의식이 한정된 영역을 벗어나는 데 보이지 않는 장벽으로 작동했던 것 같기도 하다. 인간관계의 확장, 관심 영역의 확장, 포용할 수 있는 기준의 확장 등 좀 더 크고 넓은 세계로 나아가기 위해서는 경계를 넘어야 한다. 우물에 갇힌 개구리에게는 그 우물이 세상의 전부다.

익숙한 자신의 경계 넘어서기를 두려워하지 않고 도전하는 사람만이 결국 더욱 넓은 세계를 접할 수 있다. 막연히 두려워하던 그 경계는 막상 부딪혀 보면 생각처럼 넘지 못할 산이 아닐 가능성이 크다. 실제는 인식하기도 어려울 정도인데 내 생각이 더 크게 벽을 치고 있을지도 모른다.

우리의 존재는 편안함의 외부에서 시작된다는 알베르트 아인슈타인의 말이 떠오른다.

뉴멕시코주와 텍사스주의 경계
텍사스 경계 안으로 들어가는 길목이다. 표지판 이외의 다른 표식은 없다.

(위) 미국과 멕시코의 국경 조망
어디까지가 미국이고, 어디부터가 멕시코인지 구별하기 쉽지 않다.
(아래) 엘패소의 미국과 멕시코 국경 심사대
미국과 멕시코는 걸어서 왕래할 수 있는 곳이다.

Part 5.

마음 자국

넓히기

인류가 다시 달에 발 디딜
그 날을 기다리며

"That's one small step for man, one giant leap for mankind."

"나에게는 작은 발걸음일지 몰라도 인류에게는 커다란 도약이다." 미국의 우주 비행사 닐 암스트롱이 1969년 인류 역사상 처음으로 달에 발을 디디며 한 말이다. 인류가 달에 도착한 때가 1969년이라는 사실이 놀랍지 않은가? 이런 놀라운 업적을 그 옛날에 이루어낸 곳이 바로 NASA(미국 항공우주국)이다. 영화 등에 워낙 자주 등장하는 곳이라 가까운 현실 세계에 NASA가 있다는 사실이 더 영화 같다. 영화 〈인터스텔라〉는 인간이 살기 어려운 환경으로 변해 버린 지구에서 비밀 작업을 수행하며 숨어 있던 NASA를 주인공이 찾아내면서 이야기가 시작된다. 그러나 나는 전혀 숨겨져 있지 않고, 나와 그리 멀리 않은 곳에 당당히 모습을 드러내고 서 있는 휴스턴(Houston)의 NASA 스페이스 센터를 어렵지 않게 방문할 수 있었다.

우주 과학을 선도하는 곳인 만큼 스페이스 센터 곳곳에 볼거리가 참 많다. 복잡한 우주선의 배선과 조종실을 뚫어지게 쳐다보기도 하고, 인류 최초로 달에 착륙한 아폴로 11호의 모습을 신기하게 바라보기도 했다. 트램을 타고 스페이스 센터 내를 둘러보고, 실제 그곳에서 일하고 있는 사람들을 관찰하기도 했다. 우주 과학에 문외한인 나에게도 인류가 우주 탐사를 위해 쏟아 온 수많은 노력과 그 결과물들이 의미 있게 다가온다. 그리고 이런 시도들을 선도하는 NASA의 기술이 부러워진다. 나도 우주 탐사를 위해 뭔가 기여해야 할 것 같은 기분도 든다. 순간, NASA 로고에서 숭고함이 느껴진다.

스페이스 센터에서 가장 흥미로웠던 전시는 우주선 실내에서 우주 비행사들이 어떻게 생활하고 있는지를 모형으로 재현해 놓은 공간이었다. 중력이 없는 상태에서 공중에 떠 계속 빙빙 돌고 있는 모습이 먼저 눈길을 끌었다. 저렇게 계속 돌면 너무 어지러울 텐데. 그렇지만 나도 체조 선수처럼 저렇게 돌아보고 싶은 욕구도 생긴다. 샤워는 어떻게 할까? 우주선 내에서는 진짜 물방울이 둥둥 떠다닐까? 지구에서처럼 샤워하면 사방이 물과 거품 천지가 되는 건가? 이런 질문에 답하려는 듯, 애벌레처럼 생긴 샤워 통에 서서 물기를 닦고 있는 우주 비행사 모형이 눈에 들어온다. 그냥 저기 들어가서 물로 닦기만 하는 걸까?

우주 비행사가 뭘 먹는지도 궁금하다. 재미있게도 스페이스 센터에서는 우주 비행사가 먹는 아이스크림과 샌드위치를 판매한다. 샌드위치는 어떤 것일지 어느 정도 예상이 되는데, 우주에서 아이스크림을 먹는다고? 냉장고를 우주선에 실어 가나? 그런데 실온에서 비닐 포장된 아이스

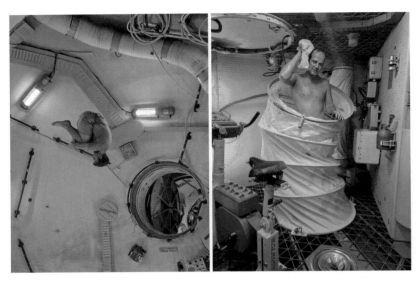

우주 비행사의 모습
무중력 상태에서 계속 빙빙 돌고 있는 우주 비행사의 모습이 흥미롭다. 우주선 안에서 샤워도 하고 운동도 한다. 무중력 상태에 있으면 느낌이 어떨까? 오래는 싫고, 잠시 한 번은 있어 보고 싶다.

크림을 판매한다. 이건 먹어봐야지! 최첨단 기술을 동원하여 실온에서도 녹지 않는 아이스크림을 개발했나 보다! 기대가 크다. 아이스크림 구매 후, 곧바로 개봉했다. 모양은 우리가 일반적으로 먹는 하드처럼 생겼다. 손으로 살짝 건드려 보니 전혀 차갑지 않다. 말은 아이스크림이지만 쿠키와 비슷하다. 그런데 살짝 베어 물어보면 아이스크림이 살살 녹을 때의 그런 식감이 느껴진다. 차갑지 않은 아이스크림을 먹는 것 같다. 두세 가지 정도 맛이 있었던 것 같은데 내가 선택한 것은 초콜릿 맛이었다. 냄새

우주선의 아이스크림
차갑지 않은 우주 아이스크림! 이걸 먹으면 진짜 우주 비행사가 된 것 같은 기분이 든다.

를 맡아 본다. 흠… 냄새가 그렇게 아름답지는 않다. 약간 발 냄새(?) 비슷한 것 같기도 하다. 그렇지만 먹을 때 발 냄새 맛이 나는 건 아니다. 초콜릿 맛이 맞다. 하지만 먹다 보면 조금씩 질리는 느낌이 든다. 아이스크림이라면 누구에게도 뒤지지 않을 만큼 잘 먹는 내가 하나를 다 먹기가 쉽지 않다. 그래도 끝까지 다 먹었다. 그냥 버리기에는 비싼 아이스크림이다.

발 냄새 나는 아이스크림을 모두 먹어 치우고, 스페이스 센터 내를 좀 더 거닐었다. 네 명의 우주 비행사를 보여 주는 커다란 사진이 눈에 띈다. "We are taking the next step in going back to the Moon."이라는 문구가 적혀 있다. 사진에 있는 네 명은 (이곳을 방문하고 있는 2024년) 현재 NASA가 추진하고 있는, 인간을 달로 보내는 아르테미스 프로젝트를 통해 달에 갈 우주 비행사였다. 인류가 최초로 달에 발을 내디딘 후, 거의 50여 년이 지난 이 시점에 다시 인류를 달에 보내려는 계획이 진행 중인 것이다. 왜 아르테미스 계획인가? 인류는 아폴로 프로젝트를 통해 최초로 달에 도착했다. 그리스 신화에서 아르테미스는 아폴로의 쌍둥이 누이면서 달의 여신이라고 한다. 따라서 지금의 새 프로젝트명 아르테미스 계획은 최초의 유인 달 탐사 계획을 의미 있게 계승한다.

아르테미스 계획에서 무엇보다 눈에 띄는 것은 최초의 여성, 최초의 유색 인종이 우주 비행사에 들어 있다는 사실이다. 의미 있는 진전이라는 생각이 든다. 백인 남성만 인류가 아니기 때문이다. 다양성에 대한 감수성은 세계화된 시대에 누구나 가져야 하는 중요한 덕목이다. 마이샤 체리는 '차이가 우리를 갈라놓는 것이 아니라 '차이를 인식하기를 꺼리는 태도가 우리를 갈라놓는다고 했다. 세계에는 다양한 사람이 있고, 차이를 인정하고 존중해야 한다. 그래야 인류로서의 우리가 지속 가능할 수 있다. 디즈니에서 흑인 인어공주와 라틴 백설공주를 캐스팅했을 때, 사회적 논란이 일었다는 사실은 다양성에 대한 인식을 되돌아보게 한다.

아르테미스 프로그램의 성공은 진정한 의미에서 '인류'가 달에 발을 내딛는 순간이 될 것이다. 인류가 처음으로 달에 도착했을 때, 나는 이 지구의 인류가 아니었다. 그러나 이번에 인류가 새롭게 달에 도착하는 역사적 순간에는 지구인의 한 명으로서 그 순간을 함께할 수 있다. 아르테미스 계획은 단지 달에 발을 내딛는 것을 넘어 좀 더 지속가능한 유인기지를 건설하고 화성 탐사를 위한 전초 기지를 만드는 것을 목적으로 한다고 하니 우주 탐사의 새로운 기원을 열 수 있을 듯하다. 사실 휴스턴 스페이스 센터를 방문하기 전에는 아르테미스 계획에 대해 알지도 못했다. 당장 내 앞의 일들에만 매몰되어 세상이 이렇게 달라지고 있다는 사실을 미처 인지하지 못했던 내 시야가 너무 좁았다.

NASA 스페이스 센터에서는 미국의 거대한 힘이 느껴진다. 우주를 개척하는 프로젝트를 주도하고, 관련 기술의 최전선에 있는 강대국이라는 사실을 현실로 받아들이게 된다. 스페이스 센터 전시관은 전 세계 사람들을 끌어들인다. 우주 기술의 최첨단이 바로 여기에 있다. 그런데 일반 대중으로서 NASA를 둘러보는 데 다소간의 아쉬움이 없지는 않았다. 대부분의 관람객들은 트램 투어를 하게 되는데, 줄을 서서 기다리는 동안 관련 정보를 보여주는 모니터가 작동하지 않았다. 트램 또한 스페이스 센터 정도면 최첨단의 친환경 전기차 같은 걸 사용해야 할 것 같은데 시끄럽고 냄새나는, 그리고 매연이 수시로 뿜어져 나오는 열차다. 최첨단 NASA와 이러한 상황의 차이는 빨리 메워야 할 간극처럼 느껴졌다.

"We choose to go to the moon in this decade and do the other things, not because they are easy, but because they are hard."

아폴로 계획을 선언하면서 케네디 대통령이 한 연설의 일부이다. 어

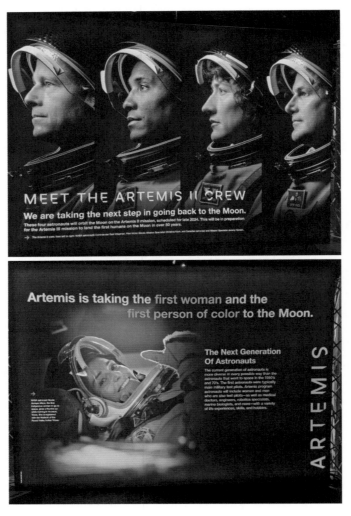

아르테미스 달 탐사 계획

인류를 달에 보내고 유인기지를 건설하는 프로젝트가 진행 중이다. 달 우주 탐사의 역사적 순간에 지구에 함께 존재할 수 있어 기대가 크다. 여성과 유색 인종을 포함하는 진정한 의미에서의 인류가 달에 도착하게 될 것이다.

렵기 때문에 달에 가는 시도를 하겠다는 말이다. 이 도전이 불가능할 것처럼 보였던 인간의 달 착륙이라는 성과를 이루어냈다. 헨리포트는 "실패는 더 지혜롭게 다시 시작하는 기회일 뿐이다."라고 했다. 때로는 무모한 도전이 필요할 때도 있다. 실패할 것에 대한 두려움은 생각보다 우리를 억누를 때가 많다. 새로운 것에 대한 도전을 즐겁게 받아들이고 어려워하지 않는 사람들이 있다. 하지만 나는 그렇지 않다. 새로운 도전이 힘들고, 부담스럽고, 걱정스럽다. 그러나 도전하지 않으면 안 된다. 뭔가를 하면 적어도 가능성이 있지만 아예 하지 않으면 가능성은 0%다. 가다가 중지하면 아니 감만 못한 것이 아니라, 간 만큼 이익이다!

아폴로호가 달에 처음 도착하고 지구와 통신하면서 내뱉은 첫 마디는 "휴스턴"이었다. 텍사스 사람들이 가장 환호했던 그 한마디. 머지않은 미래에 달에 도착한 여성 우주 비행사가 지구의 NASA 스페이스 센터를 다시 부를 그날을 기다린다.

"휴스턴!"

종합 선물 세트
도시

크리스마스에 샌안토니오(San Antonio)를 가다!

대학생 시절, 제대하고 친구와 유럽 배낭여행을 다녀왔다. 대학생이 무슨 돈이 있었겠는가? 아르바이트 비용을 차곡차곡 모으고 발품을 팔아 가장 싼 숙소, 저렴한 먹을거리 등을 찾아서 간 여행이었다.

보름의 일정이었는데, 절반 정도까지는 문제가 없었다. 그런데 여정이 절반 정도 지났을 때, 유럽의 지붕, 스위스의 융프라우에서 사건이 발생했다. 높은 고도 때문에 고산병 증세가 있었다. 그러나 빡빡한 일정을 반드시 지켜야 한다는 군인 정신으로 강행군을 지속했다. 막 제대한 군인이었으니까. 그날 융프라우에는 눈이 펑펑 내렸다. 설원을 뛰어다니고 사진도 많이 찍었다. 그런데 아뿔싸! 유럽 여행에서 소매치기를 조심해야 한다는 이야기를 많이 들어 중요 물품들만 작은 가방에 넣고 다녔는데, 그것을 융프라우의 눈 속에서 잃어버린 것이었다. 국가 간 이동을 위한 유로패스도, 당장 쓸 현금도, 이제까지 찍은 사진과 일기도, 모두 그 가방에 있었다. 망연자실했던 나는 여행을 위한 의욕을 완전히 상실했다.

당장 한국으로 돌아가고 싶었다. 그러나 현실적으로 그것도 불가능한 상황이었다. 밤 기차로 다음 여행지인 베네치아에 갈 예정이었으나 표를 모두 잃어버려 근처 저렴한 숙소에서 하루를 지내고 결국 베네치아에 가지 못했다. 베네치아는 나에게 그런 곳으로 기억되어 있었다. 그런데 텍사스의 베네치아 샌안토니오가 있었다.

텍사스에서 보기 드문 긴 수변 공간, 그리고 다양한 문화의 융합이 자랑거리인 샌안토니오의 크리스마스는 참으로 많은 볼거리를 제공해 줄 것 같았다. 그래서 크리스마스 당일 샌안토니오로 향했다. 플레이노의 크리스마스도 화려한데, 과연 샌안토니오는 얼마나 대단한 모습을 보여 줄 것인지 기대가 컸다.

플레이노에서 샌안토니오까지 대략 5시간 정도가 걸린다. 들뜬 마음으로 출발했다. 그런데 샌안토니오까지 가는 여정은 기대와는 사뭇 달랐다. 크리스마스는 미국의 큰 명절이라 거의 모든 가게가 문을 닫은 것이었다. 우리나라에서 설이나 추석 당일 대부분 가게가 문을 닫는 것과 유사한 느낌이다. 밥을 먹을 수 있는 곳조차 없었다. 거의 항상 문을 연다는 맥도널드마저 모두 문이 닫혀 있었다. 대학생 시절 배낭여행 때도 크리스마스 당일 밤 독일 프랑크푸르트에 도착했다. 그때 예상과는 달리 대부분의 상점이 문을 닫아 겨우 숙소에 도착했던 기억이 떠올랐다. 혹시 샌안토니오도 이런 것이 아닐까 하는 불안감을 안고, 주린 배를 부여잡으며, 샌안토니오로 열심히 달려갔다.

걷기 좋은 보행자 친화적 공간, 리버워크

샌안토니오의 리버워크는 이 도시의 대표적인 랜드마크다. 도시를 가로지르는 샌안토니오강은 비가 오면 자주 홍수를 유발했다. 그래서 강의 유로를 직선화하고, 강으로 유입하는 수량을 조절하기 위해 댐을 건설하였다. 나아가 주변 지역을 미화하고 산책형 수로를 조성하여 현재의 리버워크가 탄생하게 되었다. 그리고 도시의 명물이 되었다. 리버워크는 많은 방문객을 샌안토니오로 끌어들이는 요인일 뿐만 아니라 지역 주민들에게는 공간과 시간의 기억이 묻어 있는 소중한 장소이다. 우리나라의 청계천이 리버워크를 모티브로 했다고 한다. 하지만 시민들과의 연계, 장소 기억의 보존 측면에서 리버워크와 같은 의미를 살리지 못했다는 비판적인 시각도 있다.

많은 사람이 리버워크를 걷기 위해 샌안토니오를 방문한다. 요즘 걷기 좋은 도시에 관한 관심이 높다. 인간과 조화를 이루고, 인간이 행복한 도시가 걷기 좋은 도시이다. 사람과 도시 공간이 상호작용하면서 어우러질 수 있는 환경을 제공하는 곳이 걷기 좋은 도시이다. 이런 관점에서 나는 제인 제이콥스의 영향을 받아 도시민의 입장에서 도시를 걸으며 공간 디자인에 목소리를 내는 Jane's Walk를 좋아한다. 자신이 사는 도시는 스스로 만들어 가는 것이어야 한다.

크리스마스에 도착한 리버워크는 환상적인 느낌을 제공했다. 이곳으로 오는 동안 걱정했던 것처럼 강변의 가게 중 절반 정도는 문을 닫았다. 하지만 절반 정도는 손님을 맞고 있었다. 사람들이 강변을 거닐거나 강가

리버워크의 낮과 밤
샌안토니오강을 따라 카페가 있고, 나무가 있고, 강 위를 다니는 배가 있다. 그리고 무엇보다 그곳을 걷는 많은 사람이 있다.

의 카페에 앉아 여유를 즐기는 모습은 내가 상상했던 리버워크의 모습이었다. 나도 이 장면의 일부가 되어 크리스마스의 리버워크를 즐겼다. 오후 시간도 나름대로 운치가 있었지만, 밤이 되자 화려한 조명으로 빛나는 야경이 또 다른 분위기를 연출했다. 계속해서 강을 따라 걷고 싶은 마음이 들었다. 이러한 공간과 함께 사는 샌안토니오 주민들은 축복받았다는 생각이 들었다. 리버워크는 일상적인 도시의 거리 공간보다 한 층 정도 내려와 있어 리버워크를 걷다 계단을 올라가면 도시 곳곳과 연결된다. 반대로 샌안토니오 거리를 거닐다 리버워크를 내려다볼 수 있고, 마음이 끌리는 곳을 만나면 계단으로 내려가 강가를 잠시 거닐 수도 있다. 일상 거리와 리버워크를 연결하는 계단이 곳곳에 있어 양쪽으로 이동하기는 어렵지 않다. 이러한 이중 구조는 도시를 재미있게 만들어 준다.

리버워크의 강이 바닥을 환하게 보여주는 그런 청정한 맑은 색깔이 아니어서 처음에는 약간 실망하기도 했다. 그러나 보기와는 달리 깨끗한 물이라고 한다. 나쁜 냄새가 나지 않는 것으로 보아 그럴 것 같긴 하다. 예전 유학 시절에도 텍사스에 살았기 때문에 텍사스 최대의 관광지 샌안토니오에 온 적이 있다. 그러나 그때는 리버워크의 강 청소를 위해 물을 모두 빼놓은 상태여서 물이 없는 바닥만을 쓸쓸하게 보고 돌아갔다. 조만간 또다시 그런 작업이 있을 예정이라고 한다. 그래도 청소 전에 와서 다행히 물이 있는 리버를 보았다. 20여 년 전, 스위스 융프라우에 묻혀 버린 나의 베네치아가 텍사스 샌안토니오에, 크리스마스에 이렇게 재림했다.

텍사스의 독립을 이끈 알라모

샌안토니오에서 알라모를 빼놓을 수 없다. 1821년, 스페인으로부터 독립한 텍사스는 멕시코의 일부였다. 그러나 텍사스는 독립을 원했고, 이 과정 중 알라모 전투가 벌어졌다. 스페인의 전도소였던 알라모 요새는 186명의 텍사스 병력과 2000여 명의 멕시코 군인들이 맞선 곳이다. 수적인 열세로 텍사스는 패배했지만, 이 전투를 계기로 텍사스 독립에 관한 관심이 커졌고 결국 멕시코에 승리하며 텍사스는 독립하게 된다. 멕시코에서 독립한 텍사스는 이후 미국에 합병되어 미국 일부가 되었다. 그래서 알라모라고 할 때 그곳의 상징적인 건물은 전쟁의 상흔을 가지고 있는 알라모 전도소이다.

알라모 안내 정보에 'Church'라고 소개된 알라모 전도소에 사람들이 줄지어 들어간다. 그리고 그 안에서 알라모 전투와 관련된 3분여의 영상을 보기 위해 또다시 긴 줄을 서야 했다. 아주 작은 공간에서 영상을 상영하기 때문에 그 공간이 수용할 수 있을 정도의 사람들만 차례로 들어갈 수 있다. 30분 이상 줄을 서서 기다리다 3분 정도의 영상을 시청한다. 기다리는 동안 너무 지루해서 이걸 꼭 봐야 하느냐고 자꾸 자문했지만, 시청 후에는 의미 있었다는 생각이 들었다.

영상은 알라모 요새의 시간에 따른 변화를 보여준다. 화려한 전도소의 시작에서부터 시간에 따라 바래는 벽면의 모습 등 내가 서 있는 이 장소에 묻혀 있는 시간을 드러내 준다. 절정은 알라모 전투에서 시민들이 이곳에 몸을 숨긴 장면을 보여주는 순간이다. 사람들의 모습이 그림자 형태로 좁은 공간의 벽면에 나타난다. 그리고 내가 마치 그 사람들이 된 것 같은 기분이 든다. 그들이 느꼈던 두려움이 느껴지는 듯하다. 이러한 두려움을 딛고 텍사스가 독립했기에 이 장소가 그렇게 의미 있는 것이었다. 들어올 때는 '특이하게 생긴 건물이네' 정도의 느낌만 있었지만, 나갈 때는 '이렇게 중요한 건물이었구나' 하는 생각을 하고 나가게 되는 곳이다. 장소 이해에 감정이 이렇게 중요한 역할을 한다. 감정이 생기고 알라모의 경관들을 살펴보면 이전과는 다른 눈으로 그것을 바라보게 된다.

알라모 전도소 앞에서 전투 당시 사용했던 총에 대해 열정적으로 설

알라모 전도소
알라모 전투 시, 사람들이 몸을 숨겼던 곳이다. 건물 내부에 총알이 박혔던 흔적이 곳곳에
있어 이곳에 몸을 숨겼던 당시 사람들에 감정 이입해 볼 수 있다.

명하는 전사를 발견했다. 알라모 전도소에 들어가기 전이었다면 아무 생

각 없이 지나쳤겠지만, 알라모 전도소에서 영상 시청 후 나는 다른 사람

이 되었다. 당시의 상황을 상상하며 주의 깊게 이야기를 들어 보았다. 이

곳을 지키기 위해 필사적으로 방아쇠를 당겼을 당시 군인들의 마음이 느

껴지는 것 같았다.

　알라모 방문은 공간에 깃든 시간, 시간에 따른 공간의 변화를 실감해

볼 수 있게 해 주었다. 시간과 공간을 아우르는 감정을 느껴보았다. 같은

알라모의 옛 전사
알라모 전투 당시 어떻게 전투가 벌어졌는지, 어떤 총을 어떻게 사용했는지 설명해 주고 있다. 당시에도 이런 복장으로, 이런 총으로 전쟁에 참여했을까?

곳을 방문하더라도 모두가, 그리고 언제나 같은 것을 보고 느끼는 것은
아니다.

문화가 융합되는 샌안토니오

샌안토니오의 도시 공간에는 스페인, 멕시코, 텍사스의 영향이 녹아
있다. 문화의 용광로 같은 곳이며 다양한 문화를 경험할 좋은 기회를 제
공한다. 리버워크가 강 주변의 아름다운 공간이라면, 한 층 더 높은 곳에

자리한 샌안토니오의 일상 거리도 걸어보기에 재미있는 공간이다. 텍사스의 여느 도시와는 다른, 유럽 느낌이 나면서 남미의 느낌도 오묘하게 깃들어 있는 독특한 경관을 마주할 수 있다. 특이한 외양의 카페에서 나오는 음악 소리에 귀 기울여 보는 것도 색다른 느낌을 준다. 눈으로 보는 것뿐만 아니라 소리도 샌안토니오를 구성하는 주요한 요소로 작동하고 있다. 여행하면서 소리에 집중해 보면, 눈으로만 보았을 때 미처 알지 못했던 그곳의 새로운 매력을 찾을 수 있다. 눈을 감아라!

샌안토니오의 독특한 문화를 느껴보기에 멕시코 마켓이 안성맞춤이다. 'Historic Market Square'라는 곳인데, 멕시코의 시장에 와 있는 듯한 느낌을 준다. 새로운 문화 공간으로 들어가는 느낌을 주는 곳이다. 멕시코풍의 옷이며, 모자며, 여러 가지 물품들을 보는 재미가 있다. 매대에 걸린 옷에 적혀 있는 "나는 멕시코 사람이 되게 해 달라고 하지 않았어. 단지 운이 좋을 뿐이야(I didn't ask to B A Mexican. I just got lucky)."라는 문구에서는 멕시코에 대한 자부심이 느껴진다.

무엇보다 텍사스와 멕시코의 문화가 융합되어 탄생한 텍스멕스(Tex-Mex) 음식을 지나칠 수 없다. 서로 다른 문화가 만나면 융합하여 새로운 작품을 만든다. 이제 어엿한 세계의 음식이 된 우리나라의 김치가 세계 각지에 진출하면서 새로운 퓨전 음식이 만들어지는 것을 생각해 보라. 베트남에서는 고수를 넣은 김치를 만들어 먹고, 미국에 건너온 김치는 베이컨을 넣은 파스타로 변신하기도 했다. 뉴욕에서는 김치 타코가 불티나게 팔린다. 미국 남부 지방에서는 멕시코 이민자들이 가지고 온 문화와 텍사

샌안토니오 거리
독특한 유럽풍 느낌의 건물과 다양한 문화의 융합을 보여주는 벽화가 인상적이다. 샌안토니오 거리 경관은 텍사스의 일반적인 그것과는 다른 매력으로 다가온다.

스의 문화가 결합하여 텍스멕스 음식이 만들어졌다.

멕시코 마켓에서 가장 유명한 텍스멕스 음식점을 찾아갔다. 워낙 유명한 곳이라 사람이 엄청 많았고, 대기표를 받고 한참을 기다린 후 입장할 수 있었다. 이곳에 들어가면 화려한 장식에 먼저 놀라고, 엄청난 규모에 또 한 번 놀라게 된다. 메뉴를 받은 뒤 텍스멕스 음식을 시켜야 한다는 일종의 사명감이 느껴졌다. 그런데 무얼 시켜야 할지 감이 오지 않았다. 그래서 "여기서 어떤 것이 텍스멕스 음식인가요?" 하고 물었더니 "거기 있

멕시코 마켓
멕시코에 대한 자부심을 보여주는 티셔츠 문구가 인상적이다. 텍스멕스 음식을 파는 화려한 멕시코풍의 음식점은 즐거운 경험을 제공한다.

는 거 전부 다요."라고 답해 주었다. 그래서 일단 마음을 놓고 제일 그럴 듯해 보이는 이름을 가진 '디럭스 멕시칸 디너'를 주문했다. 점심에 디너라 다소 마음이 찜찜했지만, 점심에 디너를 먹지 못한다는 고정관념을 버리기로 했다. 디럭스 멕시칸 디너는 커다란 접시에 파히타, 토르티야, 나초 등 각종 음식이 종합적으로 나오는 메뉴였다. 그런데 음식들이 생각보다 크게 낯설지는 않아 우리의 일상에 텍스멕스가 이미 널리 퍼져 있다는 느낌이 들었다. 하지만 텍스멕스의 본고장 같은 곳에서 먹는 텍스멕스에는 뭔가 남다른 것이 있다는 기분은 느꼈다.

이렇게 다양한 문화가 융합되는 샌안토니오에 텍사스의 뉴올리언스라는 별명을 붙여야 할 것 같다.

양조장이 호텔로

내가 우리나라에서 가장 좋아하는 곳 중의 하나가 부산 영도의 깡깡이 마을이다. 배를 고치는 수리 조선소를 모티브로 하여 도시재생이 이루어진 곳으로, 배의 녹이나 조개껍데기 등을 망치로 쳐서 제거하던 소리인 '깡깡'을 상징하여 깡깡이 마을이라는 별칭을 가지게 되었다. 깡깡이 마을에는 옛 조선소 건물을 그대로 활용한 커피숍이 지역의 명소로 자리 잡았다. 이렇게 산업 유산을 도시재생의 자원으로 활용하는 것은 하나의 새로운 트렌드가 되고 있다.

샌안토니오에도 산업 유산을 활용한 유명한 랜드마크가 있는데, 엠마 호텔이 바로 그것이다. Pearl's Brewhouse라는 맥주 공장을 호텔로 개조하여 만든 곳으로, 옛 양조장의 투박한 잔해들이 현대의 화려한 호텔 장식품으로 활용된다. 사실, 이 호텔에서 하루 묵고 싶었다. 하지만 숙박비가 너무 비싸 이곳에서의 하룻밤은 긴 인생의 다음 언제인가로 미루기로 했다. 그러나 이 호텔은 통 크게도 외부인이 호텔에 자유롭게 드나들 수 있도록 해 준다. 그래서 이곳을 방문하여 사진도 찍고 호텔의 모습도 마음껏 감상할 수 있다. 물론, 내가 투숙객 아닌 걸 들킬까 봐 마음이 조마조마하기는 했다.

엠마 호텔에 들어가면 마치 옛 유럽의 고색창연한 호화로운 성에 있

호텔 엠마의 로비
옛 양조장을 그대로 활용한 호텔 로비가 이국적이고 고급스럽다. 셜록 홈스가 머리를 싸매
고 문제를 해결하고 있을 것 같은 느낌이 든다.

는 듯한 느낌을 준다. 내가 그곳의 지체 높은 왕족이 된 듯한 기분이 들기
도 한다. 어디를 찍든 화보 같다. 양조장이었다는데 왜 이런 느낌이 나지?
하루 묵지는 못했지만, 하룻밤을 보낸 것만큼 마음껏 그곳을 느끼고 많은
사진을 찍었다. 호텔 관계자분들께 이곳을 빌어 감사의 말씀을 전한다.
직접 말씀드리지는 못했다. 책이라도 한 권 보내드려야 할까 싶다.

선물 같은 도시 샌안토니오를 마음에 담는다!

크리스마스 선물 같이 다가온 샌안토니오였다. 그 어떤 선물보다 커

다란 종합 세트였다. 강가의 리버워크와 다양한 문화가 어우러진 샌안토니오 거리를 즐겁게 걸었고, 알라모에서 옛 텍사스 선조들의 마음을 느껴보기도 했다. 텍스멕스 음식을 먹으며 문화의 융합을 경험하고, 산업 유산을 활용한 매력적인 도시재생의 공간도 감상했다. 이 많은 것들을 한 도시에서, 크리스마스 연휴에 즐겼다는 사실이 꿈같다. 진짜 산타클로스가 있을지도 모른다는 생각이 갑자기 든다. 그리고 나에게 이런 시간을 선물로 줬는지도 모른다는 생각이 든다. 내년에도 산타클로스 할아버지를 기다려 보아야 하나?

댈러스 도심에서
헤매며 걷기

여행하는 지역의 지도를 펼쳐라. 그중 아무 곳이나 한 군데를 골라 그 위에 원을 그려라. 이제 밖으로 나갈 시간이다. 지도를 들고 나가 그 원을 따라다니면서 경험을 기록해라. 거리에 있는 낙서나 동네 사람들의 대화 등 평소에 관심을 가지지 않았던 것들, 분위기, 자신의 마음에 귀를 기울여 보아라.

『심리지리학(psychogeography)』이라는 책에 나오는 초심자 걷기 가이드다. 심리지리학은 마음 가는 대로 공간을 탐색하며 걷는 것을 강조한다. 출발지와 목적지만을 염두에 두고, 그 사이를 마치 터널을 지나가듯 달려가면 중간의 공간이 사라진다. 그래서 심리지리학은 도시 계획가가 만들고, 지도학자가 그려 놓은 길만을 따라 움직이는 상황에 반기를 든다. 일부러 길을 잃고 도시를 방황한다. 이곳저곳 헤매면서 공간의 다양한 요소들을 발견하려고 한다.

심리지리학자처럼 댈러스 도심에서 목적 없이 헤매며 걸어 보기로 했다. 댈러스 도심의 예술 지구(art district)를 걸어볼 생각이었다. 정문 앞의 아름다운 조형물이 눈길을 끄는 댈러스 미술관(Dallas Museum of Art)에 도착해 주차할 곳을 찾았다. 그런데 아무리 돌아보아도 도무지 주차할 만한 공간을 찾기가 어려웠다. 미국에서도 손에 꼽히는 큰 도시, 그리고 그 중심지라 그런지 내가 사는 작은 도시와는 달랐다. 미국 대부분 도시에서는 보통 주차가 문제가 되지 않는다. 하지만 대도시에서는 한국처럼 주차할 곳을 찾기가 어렵다. 한참을 헤매다 결국 포기했다. 예술 지구 대신 근처 웨스트 엔드(West End)의 역사 지구(historic district)를 중심으로 오늘의 일정을 진행하기로 계획을 변경했다.

역사 지구는 예술 지구에서 그리 멀지 않은 곳에 자리해 있다. 상대적으로 주차할 만한 곳이 여러 군데 있어 금방 차를 대고 걷기를 시작할 수 있었다. 댈러스 도심에서 가장 먼저 눈길을 끈 장면 중 하나는 걸인들이 아주 많다는 것이었다. 여기저기 커다란 짐을 메고 돌아다니거나 바닥이나 벤치에 앉아 주변을 멍하니 바라보고 있는 거리의 흑인 부랑자들이 넘쳐났다. 차를 대고 역사 지구에 들어가자마자 대규모의 걸인 무리와 마주쳤다. 거리에 듬성듬성 있을 때는 그냥 그러려니 하고 지나칠 수 있었는데 너무나 많은 숫자가, 그것도 내가 걸어가는 도중에, 갑자기 내 주변으로 몰려들어 큰소리로 와자지껄하는 상황에 약간 두려움이 느껴졌다. 빨리 그곳을 벗어나고자 아무렇지 않은 척하며 급하게 발걸음을 옮겼다. 다행히 얼마 가지 않아 커다란 경찰차 두 대가 눈에 띄었다. 미국에서 경찰을 보면 무서운 마음이 먼저 드는데 이번에는 경찰차가, 그것도 커다란 경찰차가 두 대나 있는 그 상황이 그렇게 반가울 수 없었다.

마음에 위안을 안겨 준 경찰차를 지나쳐 다음 블록으로 들어서자마자 갑자기 분위기가 달라졌다. 길 하나 차이인데 공기가 완전히 다르다. 걸인은 전혀 눈에 띄지 않고 관광객으로 보이는 무리가 이곳저곳 보인다. 빠른 걸음으로 새로운 공간으로 들어갔다. 발길을 따라 자연스럽게 도착한 곳은 케네디 기념관이었다. 케네디 대통령이 댈러스에서 저격당했다는 사실은 알고 있었는데 그와 관련된 장소를 만나게 된 것이었다. 평일 오전 시간이었음에도 방문객이 여럿 있었다. 특히 광장의 기념 조형물은 상징처럼 눈길을 사로잡았다. 지붕이 없는 정사각형 모양의 빈방 형태인 그 상징에 들어가 잠시나마 케네디 대통령과 당시의 상황을 상상해 보았다.

케네디 기념관을 거쳐 조금 더 걷다 보니 누군가의 동상, 그리고 탑처럼 생긴 조각상이 나란히 서 있다. 미국 국기도 힘차게 휘날리고 있다. 가까이 가서 보니 딜리 플라자(Dealey Plaza)라는 곳이다. 뭔가 중요한 의미가 있는 장소처럼 보였다. 마침 설명문이 있어 읽어 보니 댈러스 탄생지(Birthplace of Dallas)라 되어 있다. '그럼 그렇지! 이런 장소이니 이렇게 꾸며 놓은 것이었구나!' 우연히 도착한 이곳이 댈러스가 시작된 장소라니 이번 걷기가 의미 있게 느껴지기 시작했다.

걷기에 좀 더 박차를 가했다. 저기 앞쪽으로 낮은 언덕에 뭔가를 기념하는 것처럼 보이는 건물이 있고 사람들이 이리저리 오가는 모습이 보인다. 그쪽으로 다가가 주변을 둘러보니 케네디 대통령 암살과 관련된 장소처럼 보였다. 낮은 언덕을 내려가 보니 도로에 엑스(X) 표시가 있다. 거리에 왜 저런 표시를 해 두었지? 무슨 의미일까?

엑스(X) 표시는 바로 케네디 대통령이 저격당한 지점이었다!

중요한 역사적 장소에 와 있는 느낌이 들어 한참을 그곳에 서 있었다. 그곳에서 다른 방향으로 고개를 들어 보니 댈러스의 중요한 랜드마크 중 하나인 리유니언 타워(Reunion Tower)가 보였다. 사실 댈러스 건물에 대해 아는 바가 거의 없는데, 꼭대기의 동그란 모양이 특징적인 리유니언 타워는 거의 유일하게 아는 곳이라 반가운 마음이 들었다.

거리의 엑스 표시를 겨냥해서 총을 쏘았던 곳은 가까운 건물 6층 서점이었다. 그 건물은 6층만을 케네디 박물관으로 운영하고 있다. 'The Sixth Floor Museum'이다. 건물 모양에 6층만 다른 색깔로 표시한 박물관 로고(▬)가 인상적이다. 그런데 더욱 인상적인 것은 그리 넓지 않은 박물관에 관람객이 엄청 많다는 사실이었다. 모두들 케네디 대통령과 관련된 정보를 열심히 읽고 있었다. 케네디 대통령 저격과 관련된 배후는 명확하게 밝혀지지 않았다고 한다. 그래서 많은 사람이 각자 자신만의 이야기를 만들며 더욱 관심을 지니게 되었을까?

케네디 대통령, 그리고 댈러스 탄생과 관련된 장소들을 뒤로하고 댈러스 도심을 좀 더 진하게 느껴보고 싶었다. 그래서 높은 빌딩들이 숲을 이루고 있는 쪽으로 걸어갔다. 미국에는 대부분 지역에 높은 건물이 많지 않다. 그런데 댈러스 도심에는 높은 건물이 아주 많았다. 고개를 높이 들

어야 꼭대기가 보이는 건물들 사이를 걷자니 이상하게 긴장되었다. 여유
로운 모습의 풍경들만 주로 보다가 바쁘게 오가는 사람들의 거대한 도시
를 보니 뭔가 다른 세상에 와 있는 듯한 기분이 들었다. 목에 사원증 같은
걸 하고 다니는 사람들이 자주 보인다. 이곳에서 일하는 회사원들이겠지?

역사 지구에 들어선 후 어디에서든 고개를 들면 눈에 들어오는 높은
건물이 있었다. 그 건물을 기준으로 방향을 가늠하곤 했다. 댈러스에서
내 마음의 랜드마크였다. 마침 멀지 않은 거리에 그 건물이 보이기에 그
쪽으로 향했다. 도착해 보니 'Bank of America'라는 표지판이 보인다. 가
까이서 보니 더 높아 보였다. 역시 Bank of America는 그 이름처럼 미
국 대표 은행이구나 하는 생각이 들었다. 예전부터 댈러스 근처 고속도로
를 지날 때 특이한 모양으로 눈길을 끄는 건물이 생각나 그곳도 찾아보고
싶었다. 그 건물 역시 멀지 않은 거리에 있어 조금 걸어가니 만날 수 있었
다. 'Wells Fargo'라는 문구가 걸려 있다. 역시 도심의 높은 건물을 차지하
고 있는 건 금융권인가.

댈러스 도심을 걸으면 커다란 개를 끌고 다니는 사람들이 심심치 않게
보인다. 그 복잡한 도심 거리에 애완견 용변 처리를 위한 시설도 있다. 거
대한 빌딩이 줄지어 서 있는 거리에 커다란 개와 함께 다니는 사람이 이
곳저곳 보이는 것이 약간 이질적으로 느껴졌다. 자신을 보호하기 위한 방
어책인가? 사실 댈러스 도심을 걷는 내내 약간은 긴장된 상태였던 터라
나도 저렇게 큰 개와 함께 다니면 마음이 좀 놓일 것 같다는 생각이 들기
도 했다. 누군가가 나를 공격하면 내 개가 나를 보호해 줄 수 있을 것 같았

다. 진짜 그런 이유로 저렇게 큰 개와 함께 다니는 걸까? 아니면 미국에서는 보통 애완견을 많이 키우니 그저 일상적인 장면인가? 그것도 아니면 내가 갔던 그때 우연히 그런 사람들이 많았던 것일까? 정확한 이유는 알 수 없지만 큰 개와 함께 도시를 거니는 사람들은 이번 댈러스 도심 걷기에 인상적인 장면으로 남아 있다.

이런저런 사람들을 좀 더 살펴본 후, 차를 주차한 구역으로 발길을 돌렸다. '럭셔리 아파트'라고 적힌 건물이 눈에 띈다. 하지만 이름처럼 그렇게 럭셔리해 보이지는 않았다. 뭐 이름만 럭셔리할 수도 있지. 아니면 외부와 달리 내부는 어마어마하게 호화스러울 수도 있지. 처음 걷기를 시작한 그곳에 가까워지자 다시 긴장도가 올라갔다. 아까처럼 그 걸인들의 무리를 뚫고 지나가야 한다는 사실에 마음 한편에서 두려움이 스멀스멀 차올랐다. 그런데 출발 때와는 다르게 그 무리가 보이지 않는다. 마음이 놓였다. 그렇지만 이런 생각을 하는 나를 보면서 혹시 내가 편견을 가진 것이 아닐까 하는 반성을 하기도 했다. 그 흑인 무리는 걸인이 아니었을 수도 있다. 모임이 있어 그때 잠시 함께 모였을 수도 있다. 활발한 성격을 가진 사람들이 모여 즐겁게 서로 이야기를 나누고 있었을 수도 있다. 그렇게 많은 걸인이 그 시간, 그곳에 한꺼번에 있다는 것이 상식적으로 생각해 보면 자주 발생할 수 있는 일은 아닐 것 같다. 누군가 차에 테러하지는 않았을까 하는 걱정도 했는데 차 역시 아무런 문제 없이 잘 있었다. 내 마음이 나만의 이상한 이야기를 만들고 있었던 것은 아닐까?

특정한 목적지를 정하지 않고, 사전 조사도 없이 댈러스 도심을 걸었다. 그렇지만 중요한 장소들을 발견하고 다양한 사람들의 모습도 살펴보는 의미 있는 시간을 가졌다. 빼곡하게 적힌 일정에 따라 계획적으로 하는 여행이 체계적이고 효과적일 수 있다. 난 그런 계획적인 상황을 좋아한다. 하지만 그런 여행이 항상 좋은 것만은 아니다. 가끔 길을 잃어 보는 건 어떨까? 헤매는 과정에서 뜻하지 않은 새로운 발견을 할 수도 있다. 중

댈러스 도심 걷기
발길이 이끄는 대로 댈러스 도심을 걸으며 다양한 경관과 사람들을 만났다.

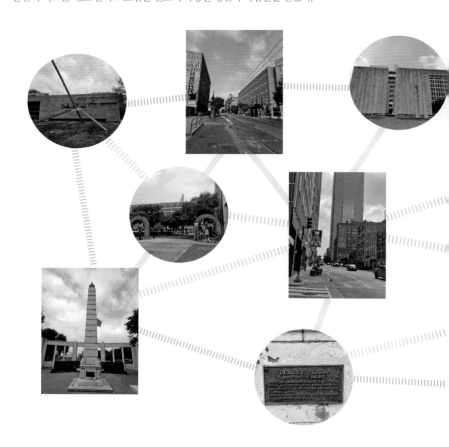

요한 누군가를 우연히 만날 수도 있다. 생각지 않았던 기쁨과 마주칠 수도 있다. 우리의 삶도 그렇지 않을까? 헤매는 기분이 들어도 지나고 보면 그 시기와 그때의 경험이 인생의 커다란 자양분이 될 수 있다. 우리의 삶은 헤매면서 개척해 나가는 것이다. 각자에게 의미 있는 답이 있을 뿐 정답은 없다.

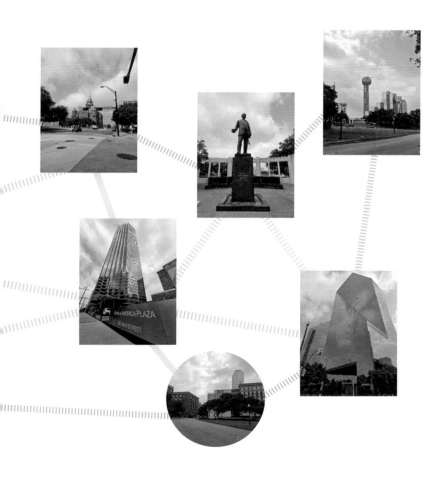

텍사스 바비큐 성지
좌표 알려주세요

텍사스 바비큐 성지 좌표가 어떻게 되나요?

(29°53'03.8"N 97°40'18.1"W)

보안상 정확하게 알려드리기는 어렵습니다. 여기를 중심으로 한번 잘 찾아보세요!

좌표를 따라가면 텍사스 바비큐의 성지 록하트(Lockhart) 도심의 콜드웰 카운티 법원 청사(Caldwell County Courthouse)에 도착한다. 이곳을 중심으로 멀지 않은 범위 안에서 유명한 바비큐 음식점을 찾을 수 있다. 텍사스 전체가 바비큐 성지 아니냐고? 텍사스 주의회는 1999년 봄에 하원이, 이후 2003년 가을에 상원이 록하트를 텍사스의 바비큐 수도(The Barbecue Capital of Texas)로 선언하는 결의안을 통과시켰다. 의회에서 무슨 바비큐 수도까지 정하나 싶기는 하지만 아무튼 의회 결의안을 통해 록하트는 텍사스의 공식 바비큐 수도가 되었다. 텍사스는 바비큐에 관해 진심이다!

보안상 바비큐 성지 좌표를 정확하게 알려주기 어렵다고 이야기한 건 전혀 사실이 아니다. 록하트 도시 홈페이지에는 Kreuz Market, Black's Barbecue, Smitty's Market, Chisholm Trail BBQ, 이렇게 4개의 유서 깊은 바비큐 식당이 소개되어 있다. 바비큐 수도답게 도시 홈페이지에서 바비큐 식당을 소개하고 그 역사도 설명하고 있다.

텍사스의 수도 오스틴에서 30여 분을 달려 텍사스 바비큐의 수도에 도착했다. 성지 좌표에 가까워지면 법원 청사 건물이 눈길을 사로잡는다. 야생의 텍사스 느낌과는 완연히 다른, 우아한 아우라가 넘치는 유럽의 성 같은 건물이다. 이 도시에 진입하기 바로 직전까지 넓은 초원, 그리고 한가로이 풀을 뜯는 소들만 보다가 갑자기 나타난 이 건축물이 약간은 이질 적으로 느껴지기도 한다. 하지만 법원 청사를 중심으로 한 록하트의 거리 는 아기자기하고 참 이쁘다. 기분이 좋아진다. 그러나 역시 텍사스답게 너무 덥다. 유서 깊어 보이는 아이스크림 가게 앞에 앉아 록하트 거리를 바라보며 아이스크림을 드시고 있는 할머니, 할아버지 두 분이 도드라져 보였다. 일단 그 가게로 들어가 아이스크림을 먹고 본격적인 바비큐 탐험 을 시작했다.

성지 순례하듯 유명한 4개의 바비큐 식당들을 한 번씩 찍고, 그중 한 군데서 바비큐를 먹는 것이 오늘의 목표다. 크라이츠 마켓에서 식사할 계 획을 세우고, 다른 식당들을 먼저 둘러보았다. 일요일 점심시간이라 그런 지 식당마다 사람이 그득하다. 이 작은 마을의 식당에 이렇게 사람들이 많다니, 명소이긴 명소인가보다. 텍사스 사람이면 한 번쯤은 와 보지 않을까? 어디서 왔는지 물어볼 걸 그랬나? 모두 즐거운 표정으로 텍사스 바비큐의 진수를 경험하고 있다.

4개의 식당 중 크라이츠 마켓이 가장 규모가 커 보였다. 오후 3시가 좀 넘은 시간이라 점심시간도, 저녁 시간도 아닌데 손님이 아주 많다. 식당에 들어서자마자 열기가 후끈하다. 커다란 음악 소리도 들린다. 크라이츠 마켓은 크게 3개의 공간으로 분리되어 있다. 처음 들어가서 만나는 공간에서는 라이브 공연이 펼쳐지고, 식사할 수 있는 테이블이 있다. 요리를 위한 예비 준비를 하는 직원의 모습이 보이고, 텍사스 풍의 라이브 공연을 보며 식사하는 사람도 여럿 있다. 카우보이모자를 쓰고 고기를 뜯는 아저씨의 모습이 인상적이다. 음식을 주문하기 위해서는 이 공간에서 줄을 서서 기다려야 한다.

주문할 메뉴를 결정하고 벽면에 장식된 갖가지 내용들을 살펴보며 한참을 서 있었다. 그런데 내 차례가 가까워지면서 알게 된 사실은 주문을 위해서는 문을 열고 다른 공간으로 들어가야 한다는 것이었다. 다음 공간으로 연결되는 이 문을 항상 닫아 두라는 문구까지 적혀 있다. 창문을 통해 바라보니 안쪽에서 주문하고 바비큐를 받는 모습이 보인다.

드디어 내 차례다. 굳게 닫힌 문을 열어젖히고 안쪽으로 들어갔다. 그런데 그 비밀의 문 안쪽은 완전 사우나 같았다. 공간을 분리해 놓은 이유를 알 것 같았다. 크라이츠 마켓은 수백 년 된 벽돌 가마에서 고기를 훈제하는 요리법으로 유명하다. 이곳이 그 벽돌 가마가 있는 곳이었다. 옛날 시골 할머니 집에서 온돌방을 데우기 위해 장작을 넣고 불을 피운 것처럼

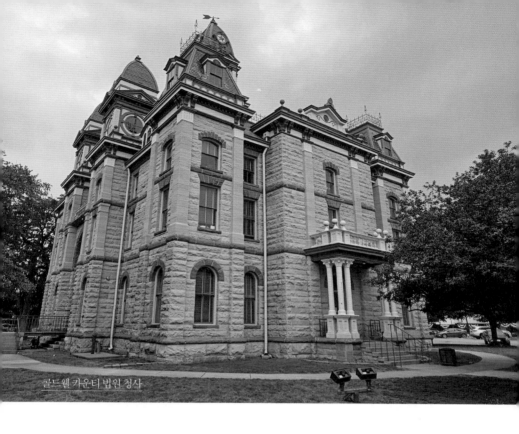

콜드웰 카운티 법원 청사

나무 장작, 숯을 이용해 불을 피우고 있었다. 그래서 한증막처럼 후끈후
끈했다. 음식을 주문하면 계속 달궈지고 있는 훈제통에서 고기와 소시지
를 꺼내 커다란 쇠판 위에서 숭덩숭덩 잘라 준다. 이 공간에서 일하는 직
원들은 종일 이런 곳에 있으니 얼마나 더운지 땀을 뻘뻘 흘리고 있다. 뜨
거운 태양 아래서 모내기할 때처럼 수건을 머리에 둘러쓰고 있는 직원도
보인다. 계속 불을 피워 훈제하며 요리하는 중이라 연기가 자욱하고 바비
큐 냄새도 가득하다. 눈이 따갑다. 주문하는 동안 잠시 있었지만 내 몸은
땀, 기름, 훈제 바비큐 냄새로 코팅되어 버렸다. 그래도 진정한 텍사스 바

텍사스 바비큐의 수도 록하트의 거리 경관과 크라이츠 마켓
록하트의 이쁜 거리와 유명한 바비큐 식당이 이곳에서의 시간을 아름답게 만들어 준다.

비큐 요리의 현장에 와 있다는 흥분된 기분을 주체할 수 없었다.

주문한 바비큐와 소시지는 짙은 분홍색 종이에 둘둘 말아준다. 그 종이 뭉치를 들고 바로 옆의 세 번째 공간으로 들어간다. 이 식당에서 여기가 제일 시원하다. 음료수나 사이드 메뉴는 이곳에서 주문한다. 여기서 콜라와 콜 슬로를 주문하고 드디어 옆 공간에서 가지고 온 소고기 브리스킷, 립, 소시지를 맛본다. 오랫동안 익힌 브리스킷은 너무 부드럽다. 약간의 비계와 함께 먹으면 크게 씹을 것도 없이 바로 넘길 수 있을 정도이다. 립은 뜯는 맛이 일품이다. 뼈를 손으로 잡고 뜯어 먹으면 쫄깃한 조직의 고기가 쭉쭉 찢겨 나온다. 숙성된 소고기 맛뿐만 아니라 생선 맛도 느껴지는 듯하다. 훈제된 소고기라 훈제 연어의 느낌이 있어서일까? 오징어 맛도 나는 것 같다. 각종 맛이 어우러진 오묘한 느낌의 립이다. 약간 느끼해질 때면 소시지를 빵에 싸 먹으면 기분이 환기된다.

주변 테이블을 구경하면서 먹으면 더욱 즐겁다. 우리 옆 테이블에서는 수염이 덥수룩한 할아버지께서 연신 커다란 뼈다귀를 뜯고 계신다. 아, 뼈다귀를 드신다는 것이 아니라 뼈다귀에 붙어 있는 고기를 드신다는 말이다. 너무 잘 드시길래 신기해서 사진도 한 장 찍었다. 앞쪽 테이블에서는 아주 조그만 아이가 엄마가 주는 브리스킷을 잘도 받아먹는다. 조그만 입을 오물오물하면서 먹는 모습이 귀엽다. 두 번째 공간에서 이곳으로 계속 사람들이 들어온다. 다들 엄청난 양의 음식을 들고 오는데 어떤 계획을 세웠길래 저렇게 많이 들고 오는지 궁금하고 심지어 걱정까지 된다. 이렇게 사람들도 구경하며 열심히 바비큐 수도의 맛을 음미했다. 오후 네

시쯤 바비큐와 소시지를 먹었는데 잘 때까지 배가 고프지 않았다.

텍사스 바비큐 성지 순례는 성공적으로 마무리되었다. 텍사스의 맛과 문화를 느낄 수 있는 시간이었다. 텍사스 바비큐 수도라는 명성이 그냥 얻어진 것이 아니었다. 미국에서 성공적인 브랜드가 한국에 진출하는 경우가 왕왕 있던데, 록하트의 바비큐 분점을 한국에서 볼 날이 오지 않을까? 아니면 누구 저랑 같이 한번 해 보시렵니까? 한국의 바비큐 성지를 만드는 거예요!

텍사스 상징
끝판왕 도시

산에서 내려다보는 오스틴 부촌

산이 별로 없는 텍사스에서 대부분의 운전은 평평한 땅에서 하는 경우가 많다. 그런데 오스틴(Austin)에서 차를 모는 기분은 텍사스 다른 곳에서와는 사뭇 다르다. 경사 있고 굴곡진 길들이 많다. 한국에서 운전하던 느낌이 떠오른다. 비탈길을 꼬불꼬불 따라 올라가다 보면 오스틴의 부자 동네를 내려다볼 수 있는 최고의 전망으로 유명한 본넬산(Mountain Bonnell) 표지판을 만나게 된다.

길가에 주차하고 계단을 조금만 올라가면 바로 전망 뷰가 나온다. 콜로라도강이 유유자적하게 흘러가고, 강 주변에는 그냥 봐도 딱 부잣집처럼 보이는 아름다운 집들이 늘어서 있다. 물이 있는 뷰는 항상 부럽다. 보트도 한 대씩은 있는 듯하다. 예전 갤버스턴 여행 때 우연히 발견한 바이우 비스타라는 도시가 떠오른다. 해가 질 무렵 콜로라도강에서 물살을 가르는 보트가 여러 대 보인다. '흠, 저렇게 보트가 많으면 걸리적거려서 서로 방해될 거야!' 이렇게 생각하면서 정신승리를 해 본다.

본넬산에서 내려다본 콜로라도강 주변의 부촌
그림처럼 아름다운 풍경으로 사람들의 발길이 끊이지 않는 명소이다.

우리 옆 동네 사우스레이크와 콜리빌의 대저택을 멀리서만 바라볼 수 있어 안타까웠다. 그런데 오스틴의 콜로라도 강변 대저택들은 그보다도 훨씬, 더욱더 멀리서만 바라볼 수 있었다. 망원경을 가지고 왔어야 하는데 하는 마음이 들었다. 너무 먼 당신이다.

그래도 아름다운 풍경이라는 점은 인정하지 않을 수 없는 그런 곳이다.

발만 담근 테슬라 본사

요즘 텍사스가 미국 경제의 새로운 강자로 떠오르고 있다. 원래 강자였는데, 머지않아 최강자가 될 태세다. 캘리포니아에 있던 세계 굴지의 기업 본사들이 텍사스로, 특히 오스틴으로 많이 이전했다. 이런 새로운 흐름의 중심에 왔으니 초국적 기업 본사라도 봐야 하지 않나 하는 생각이 들었다. 요즘 글로벌 경제는 국가보다 초국적 기업이 좌지우지한다고 해도 과언이 아닐 정도로 초국적 기업의 영향력이 막강하다. 어디를 갈까 고민하다 세계가 항상 그 행보에 주목하며, 몇 해 전 오스틴으로 본사를 이전한다고 떠들썩했던 그곳에 가 보기로 했다. 어디? 바로 테슬라!

정보를 찾다 보니 예전에는 테슬라 공장 내부 견학도 가능했다는데 지금은 어렵다는 내용이 있었다. 그래도 거대한 규모의 테슬라 본사 외부 건물이라도 보고 싶었다. 그곳에 가면 왠지 혁신의 마음가짐이 생길 것만 같았다. 에릭 와이너가 '천재의 발상지를 찾아서'라는 책에서 이야기한 것처럼, 새로운 아이디어가 싹트는 장소에서 그곳 특유의 정신이 피어오르고 있을 것 같았다. 요즘 미국 거리에는 테슬라 본사 공장에서 생산한다는 사이버 트럭이 간간이 보인다. 모양새가 이름처럼 아주 사이버틱하다. 사실 군대 시절 취사반에 있던 커다란 식판을 이어 붙여서 만든 것 같은 느낌도 없지 않다. 그래도 특이하고 멋있다. 테슬라 본사에 가서 식판을 모티브로 아름다움을 디자인하는 그런 창의성과 과단성을 마주하고 싶었다.

'Tesla Giga Texas'를 목적지로 설정하고 달려갔다. 도착 전 마지막 우회전이다. 그런데 안내 표지판에 일하는 직원이 아니면 출입이 불가능하다는 문구가 보인다. 불안한 마음이 들었지만 여기까지 와서 그냥 돌아갈 수는 없는 일이다. 더 가까이 다가서자 차를 막아서는 차단 바가 있고 작은 검문소 같은 게 보인다. 차단 바 바로 앞까지 갔더니 턱수염이 멋진 직원이 걸어 나오며 손바닥으로 차를 막아선다.

"무슨 일이시죠? 어떻게 왔나요?"

"여기 테슬라 아닌가요? 한번 보고 싶어서요."

"여기서 일하는 직원이세요?"

"아닌데요. 그럼 들어갈 수 없나요?"

"네, 그럼 못 들어갑니다. 볼 방법이 없어요."

"아, 그렇군요. 전혀 방법이 없나요?"

"네, 그런 건 없습니다."

"그럼 차를 어떻게 돌려서 나가죠?"

"여기 잠시 열어줄 테니 유턴해서 돌아 나가세요."

"감사해요!"

그렇게 나는 유턴을 위해 차단 바를 넘어 테슬라 본사 입구 끄트머리에 약 3.14m 정도 들어갔다 나왔다. 그곳에서 본사 혹은 공장 건물은 보이지 않았다. 사진으로 보던 그 웅장한 건물을 멀리에서라도 보고 싶었는데 보이지 않았다. 떠오르는 새로운 경제 부흥지 오스틴에서, 세계 최고

의 기업 중 하나인 테슬라 본사를 보려던 나의 꿈은 그렇게 저 멀리 사라
져 갔다. 하지만 발이라도 살짝 담가 봤으니 아주 보람이 없었던 건 아니
다. 발끝을 통해 들어온 혁신의 정신이 내 몸에 뿌리를 내리고 점점 퍼져
나갈 것이다. 원래 첫발 담그기가 제일 어려운 일 아닌가?

최고 상징에서 텍사스 여행 마무리하기

불락 텍사스 역사박물관(Bullock Texas State History Museum)은
텍사스를 상징하는 커다란 별로 관람객을 맞는다. 박물관 정문을 장식하
고 있는 이 커다란 조형물은 '내가 텍사스 끝판왕이다!' 하는 그런 울림을
준다. 하나의 별, 외로운 별, 고독한 별을 잘 형상화한다. 이것만 봐도 텍
사스 중심부에 와 있다는 느낌이 들었다.

불락 박물관의 전시를 통해 이제까지 텍사스 곳곳을 다니며 만났던 여
러 장소를 다시 만날 수 있었다. 휴스턴 나사 박물관의 우주 탐사, 스톡야
드의 롱혼과 카우보이, 텍사스 서부의 석유 산업, 파리에서 발견했던 한
국 전쟁 참전 용사, 샌안토니오와 엘패소에서 만났던 텍사스의 역사, 텍
사스 고유의 음악과 스포츠 등 텍사스 전체를 조망할 수 있는 곳이 바로
불락 텍사스 역사박물관이었다. 예전 여행의 기억들을 소환하면서 이곳
의 전시를 의미 깊게 살펴볼 수 있었다. 입구의 커다란 별부터 내부의 각종
전시까지, 텍사스 여행을 정리하기에 가장 적절한 곳이 아니었나 싶다.

불락 박물관에서 걸어서 10분 정도의 거리에 텍사스 캐피톨(Capitol)
이 있다. 텍사스의 수도는 오스틴, 그리고 그곳의 최고 상징은 텍사스주

텍사스 최고의 상징과 그곳의 여행자
텍사스 캐피톨의 천장으로 은은히 들어오는 텍사스 햇살을 맞으며 이번 여행을 마무리한다.

의사당인 텍사스 캐피톨이라 해도 과언이 아니다. 역사박물관에서 고개를 들어 바라보면 저쪽으로 늠름하게 서 있는 멋진 건물이 보이는데 그것이 바로 텍사스 캐피톨이다. 아무런 사전 지식 없이 보아도, 아무런 생각 없이 보아도, 저건 필연코, 반드시, 중요한 건물이 아닐 수 없다는 생각을 들게 하는 아우라를 가지고 있다.

텍사스의 뜨거운 열기를 한껏 받으며 캐피톨까지 걸어갔다. 정말 심하게 덥다. 그래, 이게 텍사스지! 지열 발전을 해야 하는 것 아닌가 하는 생각이 들었다. 이미 미국 에너지 3관왕 텍사스에 하나의 트로피를 더할

수 있는 것 아닌가? 그러나 이 더위를 견딘 것이 다 보상될 만큼 캐피톨은
참 멋있었다. 그냥 건물만 한참을 바라보고 있어도 지겹지 않을 정도로
멋있었다. 날씨가 조금만 더 시원했어도 주변을 좀 거닐었을 텐데 열사병
으로 쓰러지지 않기 위해 바깥에서 오래 머물 수는 없었다. 가끔 바람이
불어오는데, 에어컨 실외기 바람보다 더 뜨겁게 느껴졌다.

입구에서 보안 검색을 통과하면 캐피톨 내부에 입장할 수 있다. 공항
의 검색대 같은 느낌을 주지만 분위기가 고압적이지는 않다. 요원들은 친
절하게 관람객을 맞아 준다. 캐피톨 내부도 참 멋지다. 1층 정중앙의 커
다란 별과 꼭대기 천장의 커다란 별이 눈길을 사로잡는다. 이 두 별을 가
상으로 이으면 외계인 이티(ET)와 지구인의 손가락이 맞닿는 것과 같은
역사적 장면이 일어날 것만 같다. 혹시 그런 비밀 버튼이 있는 건 아닐까?

사람들은 1층 중앙의 별에서 사진을 찍으려고 난리다. 한참 줄을 서서
기다려야 비로소 그 별 위에 두 발을 얹을 수 있다. 나도 한참을 기다려 1
층 중앙의 별을 영접했다. 그리고 계단을 따라 위로 올라갔다. 원형으로
층층이 올라가는 캐피톨의 구조는 사람을 기분 좋게 한다. 원의 복도를
따라 역대 주지사들의 초상화가 쭉 걸려 있다. 이런 곳에서 계속 상주하
는 그분들이 부럽다. 1층에서부터 차례로 한 층씩 올라가며 점점 멀어지
는 아래층의 풍경, 그리고 점점 가까워지는 천장을 바라보는 느낌이 좋
다. 1층에서 끊임없이 오가는 관람객, 다른 것은 전혀 없이 햇빛만이 닿고
있는 천장, 이 두 곳이 대조된다. 천장에서 은은하게 들어오는 텍사스의
햇빛은 눈 부시게 아름답다.

텍사스 여러 곳을 다녔지만 정작 텍사스의 수도, 오스틴 방문이 늦었다. 그러나 오히려 늦게 방문해서 그동안의 시간을 되돌아볼 수 있었다. 텍사스 상징의 정점에서, 그리고 그곳의 아름다운 햇살을 맞으며, 텍사스 여행을 마무리한다. 이번 여행의 마침표로 더할 나위가 없다.

텍사스여, 안녕!

앞으로도 계속해서
여행하는 삶을 살고 싶습니다.

　이번 텍사스 여행을 마무리합니다. '이번'이라고 이야기하는 것은 다음을 또 기약하는 의미입니다. 이미 텍산의 마음을 가지게 된 저는 마치 고향 이야기처럼 텍사스 소식을 찾아보고 기회가 되면 다시 텍사스를 방문하고 싶습니다. 텍사스는 역동적으로 변화하며 다음에는 또 다른 모습을 보여 줄 것이라 믿어 의심치 않습니다. 그리고 새로운 생각을 할 수 있게 해 줄 것입니다.

　오늘도 해는 성실하게 뜨고 지고, 달도 밤마다 얼굴을 내밀어 줍니다. 세상은 거기에서 항상 그렇게 우리를 기다리고 있습니다. 그 세계에서 아름다움을 발견하고, 의미를 찾는 것은 각자의 몫입니다. 같은 곳에서 살아가더라도 바라보는 모습이 다르고, 느끼는 기쁨도 다릅니다. 중요한 것은 마음일 겁니다. 세상과 부딪히면서 가슴이 몽글해지기도 하고, 저릿하기도 하고, 그렇게 살아봐야 하지 않을까요?

나의 일상적인 공간, 그리고 세계의 여러 공간을 내 마음이 담긴 장소로 바꾸어 가는 삶을 살아가면 어떨까요? 예전에는 왜 이런 생각을 하지 못했을까요? 생각을 못 했다기보다는 생각만 했다고 말하는 게 더 맞을 듯합니다. 결국은 내가 몸으로 부딪치고 느껴 봐야 오롯이 내 것이 되는 것 같습니다. 그러면서 어제와는 달라진 오늘을 사는 나를 느낍니다.

나이가 들수록 시간이 더 빨리 흘러가는 것처럼 느껴진다고 합니다. 왜 그런지 아시나요? 새로움이 없기 때문입니다. 같은 일상이 반복되면 우리의 뇌는 그것을 추상화해서 간략하게 압축해 버린다고 합니다. 하지만 새로움이 있는 시간은 삶을 알록달록하게 채색해 줍니다. 다른 색깔은 각각 다르게 자리매김합니다. 그래서 어린아이들의 하루는 어른들의 하루보다 훨씬 깁니다. 세상에 신기한 것이 너무 많기 때문이죠. 여행하는 삶을 통해 나에게 주어진 소중한 시간을 무채색으로 압축하지 않고 찬란한 무지개색으로 그려내 보는 건 어떨까요? 그리고 내 삶이 무채색이 되어 가는 기분이 들 때 기억 속에 있는 색깔을 하나씩 꺼내 보는 건 어떨까요? 그렇게 삶은 조금씩 아름다워질 수 있을 것 같습니다.

무라카미 하루키는 이런 이야기를 했습니다.

소설 한 편을 쓰는 것은 그리 어렵지 않습니다. 뛰어난 소설 한 편을 써내는 것도 사람에 따라 그리 어렵지 않을 수 있습니다. 그러나 소설을 지속해서 써낸다는 것은 상당히 어렵습니다.

　앞으로도 계속해서 여행하는 삶을 살고 싶습니다. 이를 통해 인생을 성찰하는 여행자가 되고 싶습니다. 삶에서 반짝이는 순간들을 많이 만들어 가고 싶습니다. 사진 미학의 대가 앙리 카르티에 브레송은 평생 결정적 순간을 포착하기 위해 헤매었지만, 인생의 모든 순간이 결정적 순간이었다는 말을 남겼습니다. 이러한 깨달음처럼 모든 순간을 소중하게 바라보는 사람이 되고 싶습니다. 그리고 먼 훗날 이런 이야기를 할 수 있는 내가 될 수 있기를 바랍니다.

　아름다운 이 소풍 끝내는 날,
　가서, 아름다웠더라고 말하리라.
　- 천상병, 「귀천」